1분 상식 사전

1분
상식 사전

가장 쉽고 빠르게 두뇌 힘을 키우는 지식 에센스

엔사이클로넷 지음

이소영 옮김

별글
별처럼 빛나는 글

| 추천사 |

업무상 다양한 사람들을 만나는 나는 종종 대화에 어려움을 느낀다. 이 책은 나처럼 어떤 주제로 대화를 이끌어야 할지 고민인 사람들에게 유용하다. 이 책의 수많은 상식들은 무척 흥미롭다! 이 이야깃거리가 대화를 이어주고 보다 대화를 풍요롭게 할 것이다.

– 한상범(참진세무회계 세무사)

다방면으로 깊은 지식이 있으면 좋겠지만 현실적으로 불가능하다. 그래서 일단 넓게 두루두루 알고 있다가 정말 필요할 때 심층적으로 공부해 필요한 지식을 쌓으면 된다. 그런 의미에서 이 상식 사전은 우리 생활에 꼭 필요한 책이다.

– 최웅(엘크로 홍보대행사 대표)

시간을 아껴 쓰는 부지런한 사람들에게 이 책을 추천한다. 출퇴근길에, 화장실에서 볼일 볼 때 등등, 스마트폰으로 정신 사납고 불필요한 정보들을 클릭하는 대신, 짧지만 강력한 지식으로 무장한 이 책을 펼쳐라!

– 이대영(《마음 한 줄, 쓰다》 저자)

아이들에게 'why'라는 책이 온갖 호기심을 충족시켜 주듯이, 어른들의 'why'는 이 한 권 안에 다 들어있다. 《1분 상식 사전》은 당신을 뭘 좀 아는, 책 좀 읽는 사람으로 만들어줄 것이다. 오늘 하루가 지루하다면, 당장 이 책에 빠져야 한다. 풍덩~!

– **김은미**(방송작가)

이런 상식은 나만 알고 있었으면 좋겠다. 1분짜리 상식이라 해서 가벼울 줄 알았는데 1시간은 더 생각해볼 것들이 가득하다. 만약 이 책이 많이 안 팔리게 된다면 원래부터 내 머릿속에 들어 있던 지식들인 양 써먹고 다닐 생각이다.

– **정주영**(《나는 고작 서른이다》 저자)

"저녁 해는 왜 빨개?" 당연한 자연현상을 두고 이렇게 묻는 아이들을 보면, 인간이 '호기심의 동물'임을 알 수 있습니다. 어른도 마찬가지입니다. 갑자기 궁금한 것이 생기면 그 답을 알아야 직성이 풀립니다. 그렇지 않았다면 인류는 현재의 수준으로 진화를 하지 못했을지도 모릅니다.

문득 떠오른 의문에 대한 해답이 옛 사람에게는 '인류의 대발견'이거나 '세기의 발명'이 되었을 테고, 현대를 살아가는 우리에게는 유용한 '상식'입니다.

살아가며 알아두어야 할 상식은 인류의 호기심만큼, 하늘의 별만큼 많습니다. 그런 의미에서 이 책에 소개한 350여 가지의 상식은 빙산의 일각이지만, 하루에 1분씩만 투자해 하나라도 확실히 익힌다면 1년간 걸릴 만큼 방대한 양이기도 합니다.

게다가 그 상식들은 모두가 너무나도 재미있습니다. 독자 여러분이 이 책을 읽는 동안 지루할 틈이 없을 것이라 장담합니다.

목차

1 기상천외한 사건에서 찾아낸
역사 상식

2 자주 쓰는 말로 섭렵하는
어원 상식

3 일상생활 속에서 배우는 과학 상식

4 애완동물부터 희귀동물까지, 생물 상식

5 건강을 위해 알아야 할 인체 상식

6 맛과 재미가 있는
음식 상식

7 음악, 미술, 스포츠를 아우르는
예체능 상식

1

기상천외한 사건에서 찾아낸
역사 상식

미래에 대한 최고의 예언자는 역사다.

– 조지 고든 바이런(George Gordon Byron), 시인

프랑스 베르사유 궁전은 건축할 때 화장실을 만들지 않았다!
그렇다면 볼일은 어떻게 해결했을까?

프랑스 루이 왕조 시대의
대표적 건축물인 베르사유
궁전은 외관과 실내장식이
엄청나게 화려하다. 그런데
이 건물에는 화장실이 없
다. 건축 당시, 왕을 비롯해

베르사유 궁전의 정원

궁전에 살던 사람은 모두 전용 변기를 가지고 있었기 때문이다. 궁
전을 지은 루이 14세는 26개나 되는 변기를 보유했다. 그런데 궁전
을 방문한 손님들은 전용 변기가 없어 궁전 정원에서 사람들의 눈
을 피해 볼일을 보곤 했고, 그 탓에 악취가 심했다. 이를 보다 못한
정원사 중 하나가 '에티켓(etiquette)'이라고 써서 출입금지 표지판을
세웠다. 예의범절을 뜻하는 에티켓이란 말은 바로 여기에서 유래
했다.

 예수 그리스도의 얼굴은 초상화마다 제각각이다. 과연 실제로
는 어떤 모습이었을까?

예수의 초상화라면 중세 유럽에 그려진 것이 아주 많다. 살짝 긴 얼
굴형에 긴 머리카락, 깔끔한 이목구비의 전형적인 백인의 얼굴. 이

것이 초상화 속 전형적인 예수의 모습이지만, 사실은 오류가 있다! 유럽의 화가들은 자기 주변에 있는 백인을 모델로 그렸지만, 실제 예수는 고대 헤브라이인, 즉 유대인의 선조다. 아시아계 피가 섞여 있던 고대 헤브라이인의 피부는 갈색에 가깝고 머리카락도 까맣고 곱슬곱슬한 것이 일반적이었다. 그러므로 초상화 속 인물처럼 매끈한 장발은 아니었을 것이다. 예측되는 예수의 대략적인 얼굴은 이렇다. 검은 곱슬머리에 갈색 피부, 얼굴 생김새도 좀 더 아시아 사람에 가깝다.

 이슬람교의 일부다처제는 남자들 좋으라고 생긴 제도가 아니다. 오히려 여자를 위해 탄생했다?

일부다처제. 남자들은 부러워할지도 모른다. 몇몇 이슬람 국가에서 인정하는 이 제도는 결코 남자들 좋으라고 생긴 것이 아니다. 이슬람을 창시한 마호메트가 이교도와 싸울 때 수많은 아군 병사가 전사했다. 자연히 미망인들이 많이 생겨났다. 그런 여자들을 돌보기 위해 마호메트는 일부다처제를 인정했다. 즉, 이 제도의 시작은 '부양의 의무'인 것이다. 참고로 마호메트에게는 12명의 아내가 있었다.

 세계 역사에 기록된 가장 짧았던 전쟁은 13분 만에 끝났다?

1896년 8월 27일 오전 9시 2분에 시작된 한 전쟁이 있다. 영국 식민지였던 잔지바르의 왕 사이드 카리드는 영국군의 요구를 거절하고 궁전에서 물러나지 않았고, 전투 개시를 알리는 포성이 요란하게 울렸다. 그런데 잔지바르 측 방위군의 무기라고는 글래스고 호라는 군함 한 척이 다였다. 게다가 이 군함은 낡은 화물선을 개조한 것으로 영국군이 발사한 단 두 발의 포탄에 맞고 바닷속에 가라앉았다. 카리드 왕의 궁전이 파괴된 오전 9시 15분, 이 전쟁은 막을 내렸다.

 유대인이 고리대금업자의 대명사로 불리게 된 역사적 배경이 있다?

셰익스피어의 소설 《베니스의 상인》에 나오는 샤일록. 그는 악덕한 고리대금업자의 대명사인 동시에 '유대인=고리대금업자'라는 이미지를 확고하게 만든 인물이다. 현대에도 국제 금융업계를 좌지우지하는 큰손 중에는 유독 유대인이 많다. 본래 기독교에서는 이자를 받고 돈을 빌려주는 일을 죄로 여겼다. 유대교를 믿는 유대인들 역시 오래전에는 이 가르침을 따랐지만 점차 '유대인끼리 이자를 받고 돈을 빌려주는 것은 죄악이나 기독교인을 대상으로 한 것은 괜찮다'라는 인식이 생겨났다. 그때까지 종교 때문에 유럽에서 온갖 차별에 시달렸던 유대인은 고리대금업을 시작했고, 마침 십자군 원정 시기와 맞물려 유럽의 금융시장이 급속도로 커지기 시작하자 그 흐름을 이용해 단숨에 금융계를 휘어잡았다.

르네상스 시대, 미인의 필수조건은 '까무잡잡하게 그을린 피부' 였다?

프랑스에서 꼽는 미인의 조건은 '하얀 것 3가지'를 갖춘 여자다. 그 것은 '하얀 피부, 치아, 손'이다. 특히 백옥 같은 피부는 미인의 첫째 조건이다. 그런데 그 프랑스 귀부인의 피부가 까무잡잡하게 그을 렸던 시기가 있다. 16세기, 르네상스의 절정기였다. 귀부인이니 농 사일로 피부가 타는 것도 아닌데 대저택에서 우아하게 사는 여인들 의 피부가 검었던 것은 당시 야외 스포츠인 사냥이 크게 유행했기 때문이다. 남편의 사냥에 따라나서기도 하고 때로는 여자들끼리도 사냥을 했다. 그렇게 햇볕을 많이 쬐다 보니 자연스레 얼굴이 까무 잡잡해진 것이다.

 지금은 파리를 대표하는 상징이지 만, 에펠탑은 세워지자마자 철거 될 뻔한 굴욕적 역사가 있다?

파리의 상징 에펠탑. 그런데 1889년 파 리 만국박람회를 위해 세워질 당시만 해 도 철골을 그대로 드러낸 모습이 파리의 풍경과 어울리지 않는다며 여론이 시끄 러웠다. '파리의 아름다운 풍경을 보려

에펠탑

면 에펠탑에 오르는 게 최고'라는 말이 유행했는데 사실 에펠탑을 보지 않아도 되는 장소라는 비웃음의 뜻이 담겨 있다. 게다가 에펠탑은 만국박람회가 끝나면 바로 철거될 예정이었다. 그 에펠탑을 구한 것이 바로 군대다. 군사 통신용으로 사용하겠다고 나서서 겨우 살아남은 것이다. 지금은 우아하게 서 있는 에펠탑이지만 험담과 비방에 시달려야 했던 고난의 시절이 있었다.

 예언자 노스트라다무스는 또 다른 직업이 있었다. 바로 화장품 제조업자!

예언자 노스트라다무스는 의외의 부업을 갖고 있었다. 피부를 젊게 되돌려준다는 화장품을 만들어 팔았던 것이다. 16세기 페스트가 대유행했던 때, 노스트라다무스는 쥐를 없애고 묘지의 사체를 화장하게 하여 페스트에 훌륭하게 대처했다. 노스트라다무스는 이 공을 인정받아 당시 프랑스 국왕 샤를 9세의 총애를 받았고 왕후를 비롯한 여러 귀족 여성과 알고 지내게 되었는데, 이것이 화장품을 만든 계기였다. 당시 궁전에서는 매일 밤 무도회와 연주회가 열렸고 그곳에서 여성들은 미모를 과시했다. 누구보다 미용에 관심이 높았던 왕후의 부탁으로 만든 것이 '노스트라다무스표 화장품'이었다. 그런데 이 화장품은 몸에 해로운 수은으로 만들어졌다. 그런 줄도 모르고 아름다워지고 싶은 일념에 화장품을 열심히 발랐던 여성들은 나중에 심각한 후유증으로 괴로워했다.

Q 러시아의 국민주인 보드카, 정작 러시아에서는 탄압받던 술이다!

현재 보드카의 소비가 가장 많은 나라는 본고장인 러시아가 아니라 미국이다. 그만큼 보드카는 이제 러시아만의 국민주가 아니라 전 세계인이 즐기는 술이다. 구(舊)공산권의 최대 히트 상품이라 불리는 이유다. 그런데 보드카가 전 세계로 퍼진 것은 러시아가 이 술을 탄압했기 때문이다. 러시아 제국의 황제 니콜라이 2세는 보드카의 알코올 도수가 지나치게 높다며 도수를 제한하기도 했고, 러시아 혁명 후의 볼셰비키 정권은 보드카의 제조와 판매를 금지하기도 했다. 이렇게 각종 규제와 탄압이 이뤄지고 전란이 일어나자 러시아인들은 세계 각지로 망명했다. 그중에는 주조 기술자도 무수히 섞여 있었고 그들이 나라 밖에서 보드카를 만들기 시작한 것이다. 그리고 점차 그 맛이 다른 나라 사람에게도 퍼져 이제는 세계적인 술이 되었다.

Q 세계적 대문호 셰익스피어는 작품은 잘 알려져 있지만, 지금까지도 그의 정체는 아리송하다?

영국의 극작가 셰익스피어는 정체에 대해 갖가지 추측과 주장이 있다. 널리 알려진 바로는, 가죽 세공인의 집에서 태어났으며 교육도 제대로 받지 못했다. 그런데도 교양과 품위 있는 유머가 넘치는 그 대단한 작품을 썼다는 점에서 의문이 끊이지 않는 것이다. 그래서 그의 작품들이 사실은 당대의 철학자 프랜시스 베이컨의 것이라느니, 유명 극작가 앙드레 말로의 것이라느니 추측이 난무했다. 누군지는 몰라도 다른 사람이 쓴 게 분명하다고 주장하는 사람이 있는가 하면 확실한 증거를 찾겠다며 말로의 무덤까지 파헤친 사람도 있다. 결국 어떤 주장에도 제대로 된 증거가 없어서 여태까지 셰익스피어는 정체가 확실치 않다.

 러시아는 술 때문에 기독교 국가가 됐다?

현대 러시아의 뿌리가 된 최초의 국가는 9~12세기 무렵에 존재했던 키예프대공국이다. 이 나라의 블라디미르 대공은 어느 종교를 국교로 삼을지를 각종 자료를 모으며 고민했다. 당시에는 하나의 국가라면 반드시 종교를 갖고 있어야 했다. 그래서 후보에 오른 것은 이슬람교와 그리스정교였는데 대공은 지리적으로 가까운 아랍의 이슬람교를 선택하려 했었다. 그런데 유심히 보니 이슬람교의 율법이 너무 까다로웠다. 돼지고기를 먹어도 안 되고 매일 메카를 향해 예배도 해야 했다. 가장 곤란했던 것은 술에 대한 금지 조항이었다. 러시아는 세계에서 가장 추운 나라 중 하나다. 혹독한 겨울을 무사히 나기 위한 필수품인 술을 금지하면 모처럼 탄생한 국가가

반란으로 무너질 수도 있었다. 그래서 대공은 금주 조항을 빼줄 수 없겠냐고 이슬람 종교 지도자와 교섭을 했지만 대답은 '안 된다'였다. 결국 대공은 술에 대해 좀 더 관대했던 기독교를 선택했다. 만약 이때 대공이 국교로 이슬람교를 선택했다면 이후의 세계 정세는 또 달라졌을 것이다.

 미국 연방우체국이 일부러 가짜 신문광고를 냈다. 이 같은 황당한 사건을 일으킨 이유는?

1982년 뉴욕, 펜실베이니아 등 미국 동부 주에서 발행되는 신문에 미국 연방우체국이 다음과 같은 광고를 했다. '여가를 활용해 월 750달러의 수입 보장! 재택근무 OK!' '유럽식 다이어트 방법을 소개합니다! 누구나 쉽게 날씬해질 수 있습니다.' 연방우체국이 이런 달콤한 광고를 하니 사람들은 벌떼같이 몰려들었다. 그런데 신청한 사람들이 실제로 받은 것은 상세 안내문이 아니라 다음과 같은 엽서였다. '이렇게 말이 번지르르한 광고는 다 사기입니다. 앞으로 이런 식의 통신판매를 이용할 때는 신중하게 검토하시기 바랍니다.' 이 광고는 당시에 유행했던 사기 통신판매로 국민들의 피해가 커지자, 이를 막기 위해 정부가 실시한 캠페인의 일환이었다.

Q 사형수의 목을 자르는 끔찍한 징벌인 기요틴. 사실은 아주 관대한 처형법이었다?

세계의 여러 처형법 중에서도 프랑스의 '기요틴(guillotine, 단두대형)'은 가장 잔혹하다는 평을 받는다. 사형수가 단두대에 목을 내밀고 있으면 위에서 커다란 칼날이 떨

기요틴 처형식

어지며 순식간에 머리와 몸을 분리하는 무시무시한 처형 방법이다. 그런데 이 기요틴은 알고 보면 사형수의 입장에서 고안한 '관대한 처형법'이다. 기요틴이 등장하기 전까지 프랑스에서는 손도끼로 목을 쳐서 사형을 집행했다. 그런데 실력 없는 망나니한테 걸리면 깨끗하게 목이 잘리지 않아 사형수는 끔찍한 고통을 꽤 오랜 시간 맛봐야 했다. 그래서 확실하고도 신속하게 목을 자를 수 있게 기요틴과 같은 처형법이 개발된 것이다.

Q 요즘 일본의 수도인 도쿄가 교통정체에 시달리는 것은 16세기 정치가 도쿠가와 이에야스의 탓이다?

일본 도쿄는 심각한 교통 정체에 늘 시달리는데, 그 문제의 원인이 자동차 수의 증가나 도로 행정 문제가 아니라 16~17세기의 무인이

자 정치가인 도쿠가와 이에야스에 있다는 주장이 있다. 당시 에도 (도쿄의 옛 이름)의 거리에는 에도 성(현재의 황궁)을 중심으로 나선형 의 길이 겹겹이 이어져 있고 직선인 곳은 극히 드물었다. 직선으로 길이 나 있으면 적의 총탄에 쉽게 공격받을 수 있다고 생각한 도쿠 가와 이에야스가 길을 그렇게 냈기 때문이다. 도쿠가와 막부가 막 수립되었던 때는 그만큼 정세가 불안했다. 이 영향으로 지금도 도 쿄에는 삼거리나 T자형 도로가 많다.

 세계 최초로 전화기를 설치한 사람은 누구와 맨 처음 통화를 했을까?

전화는 통화할 상대가 있어야 의미가 있다. 걸 곳도 없고 걸려올 곳 도 없으면 무용지물이다. 그런데 세계 최초로 전화를 설치한 사람 은 그런 상황을 겪었다. 그레이엄 벨이 발명한 전화기가 일반인들 에게 판매된 것은 1877년이며, 그해 4월 4일 미국 보스턴의 부호 찰스 윌리엄스의 집에 세계 최초로 전화기가 설치되었다. 당시의 전화는 교환수를 통해 상대방을 호출하는 식으로 운영되었는데, 윌리엄스는 전화를 설치했지만 정작 전화를 걸 상대가 없었다. 전 세계를 통틀어 전화가 있는 곳이 자신의 집뿐이었으니까! 그래서 그는 곧 자기 사무실에도 전화를 놓았다. 그런데 그로부터 3개월 후 보스턴의 전화 가입자 수는 무려 800여 명에 이르렀다.

선정적인 미녀의 사진을 최초로 지면에 등장시킨 사람이 미국에서 가장 권위 있는 퓰리처상을 만든 퓰리처다?

요즘의 월간지나 주간지에는 대개 늘씬한 미녀의 사진이 실린다. 이런 발상을 최초로 한 것은 '퓰리처상'을 만든 조셉 퓰리처다. 1883년, 적자로 허덕이던 《뉴욕월드》지를 인수한 그는 철저한 선정주의를 고수하며 '사교계를 우아하게 채색하는 여성들'이라는 주제로 브루클린의 젊은 아가씨 사진을 연재했다. 그러는 동안 판매부수는 훌쩍 늘었다. 퓰리처의 사업 방식이 부도덕하다며 맹렬히 비난하는 사람들도 많았지만, 그는 "잡지의 지면을 화려하게 장식해준 멋쟁이 아가씨들은 아무런 불평도 하지 않았다"라고 받아치며 연재를 이어갔다. 점차 다른 잡지들도 그를 따라서 미녀의 사진을 싣기 시작했다.

 링컨의 '국민의, 국민에 의한, 국민을 위한 정치'라는 말은 세계적으로 유명한 명언이다. 그런데 이 말은 표절이다?

"국민의, 국민에 의한, 국민을 위한 정치……." 미국 대통령 링컨의 이 말은 가장 유명한 명언 가운데 하나다. 그런데 민주주의의 본질을 담고 있는 이 말은 사실 원작자가 따로 있다. 1850년대, 링컨처럼 노예제 폐지를 위해 헌신했던 테어도어 파커 목사다. 그의 연설과 설교를 모아놓은 책에는 '민주주의는 모든 사람에게 미치는, 모든 사람에 의한, 모든 사람을 위한 직접정치다'라는 문장이 있다.
이 책을 읽은 링컨은 이 구절의 어감을 다듬어 '모든 사람'을 '국민'
으로 바꾸어 사용한 것이다.

Q **위대한 경제학자 마르크스는 현실에서는 경제관념이 없었다?**

소련 붕괴 이후 마르크스의 위상은 약해졌지만 대표작 《자본론》은
역사를 움직인 명저임이 틀림없다. 그런데 이론과 실제가 다른 것
은 비단 사회주의 국가에 국한된 것이 아니었다. 경제학자였던 마
르크스도 실생활에서는 경제관념이 거의 없는 문외한이었다. 학창
시절, 마르크스는 시의원의 연봉과 맞먹는 큰 돈을 용돈으로 낭비
했고 영국으로 망명한 뒤에는 후원자였던 엥겔스가 보내준 막대한
지원금과 상속받은 유산마저 금방 써버린 뒤 전당포에 드나드는 생
활을 했다. 게다가 큰 집에 살면서 호화로운 가구를 사들이곤 했다.
그런데도 마르크스는 엥겔스에게 보낸 편지에서 황당한 말을 했
다. "돈이 다 어디로 사라져버리는지 알다가도 모를 일이다."

Q **오히려 술꾼들을 많아지게 한 미국의 금주법?**

미국은 기독교의 여러 종파 중에서도 가장 규율이 엄한 청교도가
세운 나라다. 그들의 자손을 중심으로 건국 이래 금주 운동이 지속
되었고, '금주당'이라는 정당은 1872년부터 계속해서 대통령 후보

를 내세울 정도로 정치적 입지가 막강했다. 게다가 '미국금주연맹'이라는 강력한 압력단체까지 생겼다. 결국 1919년부터 1933년까지 금주법 시대에 돌입하였다. 이 시절의 유명한 악당으로 시카고 암흑가의 보스, 알 카포네를 꼽을 수 있다. 그는 법망을 교묘히 피하며 밀주를 만들고 무허가 술집을 운영해서 엄청난 돈을 벌어들였다. 알 카포네의 활약과 더불어 이 시대에는 재미난 역효과가 발생했다. 금주법 시대임에도 알코올 소비량이 약 10퍼센트나 증가한 것이다. 또 금주법 이전만 해도 1만5천여 개였던 뉴욕의 술집이 금주법 시대에는 3만2천 개로 늘었다. 그것도 모두 무허가 술집이었다. 금주법은 오히려 술꾼을 많아지게 한 법이었던 셈이다.

Q **마피아 알 카포네는 발명가였다. 바로 포켓 위스키의!**

여행할 때나 스포츠 경기를 관람할 때 주머니에 살짝 넣어놓고 아껴가며 마시는 포켓 위스키. 납작하고 살짝 안으로 굽은 병 모양도 멋있어서 멋쟁이 남자의 소품으로 안성맞춤이다. 이 휴대용 술병을 발명한 사람은 미국 마피아의 대명사인 알 카포

포켓 위스키

네다. 그가 크게 활약한 시대는 금주법이 시행되던 1920년대로, 그는 밀주 제조로 떼돈을 벌고 있었다. 그때 FBI의 눈을 피해 술을 옮

겨야 했는데 나무 술통이나 일반적인 병은 너무 커서 눈에 띄었다. 그래서 고안한 것이 주머니에 넣으면 허벅지에 착 달라붙는 모양의 포켓 위스키였다.

Q 영국의 유명 소설가 서머싯 몸은 천재적인 스파이였다?

《인간의 굴레》《달과 6펜스》 등, 인간적 매력이 넘치는 작품으로 세계인의 사랑을 받은 영국 작가 서머싯 몸. 한때 그는 영국정보국의 스파이로 활동했다. 유럽 각국의 언어에 능통하고 작가라는 직업 특성상 취재 명목으로 어디든 갈 수 있다는 점이 그가 스파이로 채용된 이유였다. 1917년 그는 혁명 직전의 러시아에까지 잠입했다. 어떻게든 볼셰비키 혁명을 막아보려 온갖 노력을 했지만 결국 10월 혁명이 일어났다. 이듬해에는 건강이 악화되어 스파이 노릇을 그만두었다. 스파이 임무를 맡아 집 밖에서 보낸 시간이 많아져 건강을 해친 탓이었다.

Q 향수 샤넬 No.5는 왜 하필 5번일까?

"잠잘 때 무엇을 입나요?"라는 질문에 "샤넬 넘버 파이브"라고 대답했던 배우 마릴린 먼로. 당시 이미 명품 향수로 알려져 있던 샤넬 No.5는 먼로의 명대사 덕분에 더욱 큰 인기를 얻었다. 이 향수는 20세기 최고의 디자이너로 불리는 코코 샤넬이 만들었다. 그리고 이 독특한 이름은 일종의 미신에 대한 샤넬의 믿음에서 생겨났다. 1921년 그녀는 새로운 향수를 만들면서 점술사에게 먼저 선보였고 점술사는 5가 그녀의 행운의 숫자라고 알려주었다. 그래서 샤넬은 발매일을 5월 5일로 정하고 No.5라는 라벨을 붙인 것이다. 그후 살아생전 샤넬이 이 향수로 얻은 이득은 무려 2천만 달러를 넘었다. 과연 그녀에게 5는 행운의 숫자였던 모양이다.

 맥주회사 기네스는 매년 세계 최고의 기록을 담은 《기네스북》을 만든다. 그 이유가 뭘까?

세계 최고의 기록을 모아놓은 《기네스북》은 맥주회사 기네스가 발행한다. 맥주와 세계 최고 기록. 이 뜬금없는 2가지의 연결고리는 무엇일까? 《기네스북》을 맨 처음 생각해낸 것은 기네스

《기네스북》 2016년 판

사의 전무였다. 1954년 어느 날, 그는 아일랜드로 사냥을 나갔다가 어느 새가 가장 빠른지를 놓고 동료와 격렬한 논쟁을 벌였다. 논쟁이 한창 무르익을 무렵, 이런 생각이 그의 머리를 스쳤다. '세계 최고의 기록만 모아놓은 책을 만들면 술자리에서 화제가 풍성해져서

맥주 판매가 늘지 않을까?' 이렇듯《기네스북》은 기네스 사의 맥주 판매 촉진 방책, 이른바 술안주로 만들어진 책이었다.

Q **트럼프의 킹, 퀸, 잭은 역사 인물에서 비롯됐다. 과연 누구일까?**

트럼프의 킹(K), 퀸(Q), 잭(J)은 모두 역사 속 인물을 모델로 만들어졌다. 킹과 퀸이 부부고 잭은 그 아들이라고 흔히 생각하지만, 실은 모델들 모두가 남남이다.

우선 킹부터 살펴보자. 다이아몬드의 킹은 검이 아닌 커다란 도끼를 들고 있는데, 이는 '율리우스 카이사르'가 모델이다. 큰 도끼는 고대 로마 권력의 상징이었다. 그리고 클로버의 킹은 '알렉산더 대왕', 스페이드의 킹은 유대민족의 '다비드 왕(성경 속 다윗)'이 모델이다. 유일하게 수염이 없는 하트의 킹은 800년경 서로마제국을 재건한 '칼 대제'가 모델이다.

이어서 퀸을 보자. 하트의 퀸은 유대인이 아시리아를 공격할 때 적장의 연심을 이용해 그를 쓰러트린 전설의 영웅 '유디트', 다이아몬드의 퀸은 성경에서 절세의 미녀로 등장하는 야곱의 아내 '라헬', 클로버의 퀸은 '엘리자베스 1세', 스페이드의 퀸은 그리스 신화 속 전쟁의 여신 '아테나'가 모델이다.

잭의 경우, 하트의 잭은 잔 다르크와 싸운 '라 이르', 다이아몬드와 클로버의 잭은 각각 아서 왕 휘하에 있던 원탁의 기사 '헥터 경'과 '랜

슬롯 경', 스페이드의 잭은 찰스 황제의 사촌 '오주르 라 단'이다.

 '소변보는 꼬마' 조각상은 벨기에 출신으로 유럽 곳곳에서 볼 수 있다. 과연 꼬마의 정체는?

주로 공원의 연못이나 분수대 등에 설치
되어 있는 소변보는 꼬마 조각상. 이 조
각상이 처음 탄생한 곳은 벨기에의 수도
브뤼셀이었다. 이 도시의 대광장 근처
에 있는 청동상이 시초인데, 시원하게
소변을 보는 이 조각상의 정체에 대해서
는 다음과 같은 설들이 있다.

소변보는 꼬마 조각상

첫째, 브뤼셀이 스페인에 의해 점령당했던 17세기 초, 스페인군
보초에게 오줌을 갈긴 꼬마라는 주장이다.

둘째, 역시 스페인군의 공격으로 도시가 불바다가 되었을 때 불
을 끄기 위해 오줌을 갈긴 꼬마라는 주장이다.

셋째, 브뤼셀의 한 재력가의 아들이라는 주장이다. 어느 날 아들
이 행방불명이 되었는데 무사히 돌아온다면 그때와 똑같은 모습의
동상을 만들어 마을에 기부하겠다고 약속했다. 그런데 소년이 발
견되었을 때 마침 오줌을 누고 있었다는 주장이다.

예포는 항상 21발을 쏜다. 왜일까?

외국의 원수를 국빈으로 맞이하는 환영식에서는 21발의 예포를 쏘는 것이 국제적 외교 관례다. 그런데 왜 21발일까? 서양에서 3은 행운을 뜻하는 숫자다. 그리고 '럭키세븐(lucky seven)'이라는 말도 있듯 7은 신성한 숫자다. 두 숫자를 곱한 것이 21로, 말하자면 이중적인 의미로 행운을 뜻한다. 또 굳이 예포라는 시끄러운 방법을 쓰는 데는 큰 소리로 악마를 물리친다는 의미가 있다.

배의 진수식에는 샴페인이 필수다. 배와 샴페인이 무슨 관계일까?

새로 건조한 배의 완성을 축하하는 '진수식(進水式)'. 보통 배에 샴페인을 뿌리며 무사고 항해를 기원한다. 진수식에 샴페인이 등장한 것은 과거의 잔혹한 의식의 흔적이다. 샴페인은 본래 사람을 제물로 바치는 인신공양의 대용품이라 할 수 있다. 옛날 선원들은 악천후를 가장 두려워하여 폭풍우가 몰아치면 사람을 제물로 바쳐 바다신의 분노를 잠재우려고 했다. 각국에서 잡혀 온 노예와 포로가 희생되었는데 선원이 곧 해적이었던 시절의 이야기다. 그러던 것이 기독교의 영향으로 인신공양의 악습은 사라지고 사람의 피 대신 포도주를 사용하게 되었고, 세월이 흐른 뒤에 포도주에서 샴페인으로 대체되었다.

백기를 들면 항복의 표시라는 것을 정한 국제회의가 있다. 그런데 하필 왜 백기일까?

전쟁에서 항복의 표시로 백기를 드는 것이 정식 규칙으로 정해진 것은 1907년 네덜란드에서 열린 국제평화회의에서였다. 서로 언어가 다른 나라끼리 전쟁을 하다 보면 한눈에 항복 여부를 알 수 있는 표시가 필요했다. 그런데 백기는 그전부터 이미 사용되고 있었고 그 유래에 대해서는 몇 가지 주장이 있다.

첫째, 국기는 하얀색 천을 바탕으로 각 나라마다 특정한 색이나 무늬를 그려넣어 만드는 경우가 많다. 그래서 백기를 드는 것은 전쟁에서 이긴 상대방의 색으로 국기를 물들여도 좋다는 의미가 담겨 있다.

둘째, 중세 유럽에서는 '화이트 선데이'라고 불리는 교회 행사가 있었는데, 이날은 모든 전쟁이 교회의 권위 아래 휴전하도록 되어 있었다. 그래서 흰색은 휴전을 의미하게 되었다.

셋째, 부상자가 생겼을 때 하얀 붕대를 흔들어 항복을 표시한 것에서 유래했다.

 세계 각국의 국기에는 유독 별이 자주 등장한다. 그 까닭은?

미국을 비롯하여 국기 디자인에 '별'을 넣은 나라는 세계적으로 50개가 넘는다. 태양이나 달보다 훨씬 많다. 어째서일까? 별이라는 존재에 영원, 희망의 의미를 부여하는 나라가 많아서다. 새카만 우주 공간에서 반짝이는 별은 희망의 상징으로, 건국이나 독립의 의미를 드러내기에 좋다. 특히 이슬람 세계에서는 별을 신성시해왔기에 이슬람 국가 대부분은 별을 그린 국기를 사용한다. 또한 미국 성조기의 영향으로 별을 채용한 나라도 적지 않다. 영국의 식민지였다가 독립을 쟁취하고 초강대국으로 자리 잡은 미국은 여러 식민지 국가에게는 동경의 대상이었다. 그 예로 필리핀 국기 속 별 3개는 주요 지방을 나타내고 미얀마의 별은 14개의 주를 의미한다. 미국의 성조기 속 50개의 별이 50개 주를 상징하는 것을 본뜬 것이다. 한편 사회주의 국가에서도 별을 많이 쓴다. 중국 국기에는 5개의 별이 있는데, 가장 큰 별은 최고회의와 공산당을, 그리고 4개의 작은 별은 노동자, 농민, 지식인, 애국적 자본가로 이루어진 국민을 상징한다. 북한 국기 속 별은 민족이 나아갈 길, 즉 공산주의 사회를 뜻한다.

 불상은 하나같이 파마머리를 하고 있다. 왜일까?

불상의 머리는 죄다 곱슬곱슬 파마머리다. 3세기 후반에 이미 그런 헤어스타일이 정착되었다고 한다. 그 이유는 고대 인도인의 사상에서 비롯됐다. 고대 인도에서는 위대한 인물은 인간과 다른 특이한 모습을 하고 있다고 여겼고, 그래서 불상에도 이 같은 사상이 반영

되었다. 불상이 처음 제작된 것은 석가모니가 입적한 지 500년이 더 지난 1세기 후반 무렵이었다. 당시 간다라 지방(현재의 파키스탄)의 불상은 자연스럽게 구불구불한 긴 머리를 높게 묶어 올린 모습이었다. 또 지금의 인도 북부지방에서 만들어지는 불상의 머리는 마치 돌돌 만 소라 같은 형태로 되어 있다.

 인류는 언제부터 박수를 쳤을까? 박수의 원래 의미는 무엇일까?

기쁠 때, 감동했을 때, 누군가를 환영할 때 사람들은 박수로 기분을 표현한다. 그런데 왜 하필 박수일까? 박수는 기원전 5세기 무렵 고대 그리스의 연극을 본 관객이 칭찬의 의미로 치기 시작했다. 당시 사람들은 손이 인간의 몸에서 가장 귀한 기관이라 여겼다. 그 귀한 손을 부딪쳐내는 소리이니 상대를 칭송하기에 알맞았다. 그리고 손이 좌우대칭이라 소리를 내기 쉽고 가장 좋은 울림을 가지고 있는 것도 큰 이유였다.

 트럼프에는 중세 유럽의 신분제가 들어 있다?

트럼프에는 하트, 스페이드, 다이아몬드, 클로버 등의 마크가 있다. 여기에는 각각 다음과 같은 의미가 있다. 트럼프는 '타로'라는 점술 카드에서 비롯됐는데, 타로에는 승려를 상징하는 성배, 군인을 상징하는 검, 상인을 상징하는 화폐, 그리고 농민을 상징하는 곤봉, 이렇게 4개의 마크가 있다. 이것은 중세 유럽의 신분제로 카드에서는 하트, 스페이드, 다이아몬드, 클로버로 변형되었다. 하트는 원래 잔 모양이었는데 하트라는 이름이 붙고 나서 점차 심장 모양으로 바뀌었다. 스페이드는 검을 뜻하는 이탈리아어 '스피다'가 그 어원이며, 다이아몬드는 부의 상징인 다이아몬드에서 모양을 따왔다. 클로버는 곤봉에 붙어 있던 클로버 잎이 마크의 원형이 되었다.

2

자주 쓰는 말로 섭렵하는

어원 상식

좋은 말 한마디는 형편없는 책 한 권보다 낫다.

– 쥘 르나르(Jules Renard), 소설가

Q 영광스럽게도 교황이 직접 이름을 지은 마카로니?

이탈리아 요리에서 빼놓을
수 없는 마카로니. 그런데
마카로니의 고향은 이탈리
아가 아니다. 마카로니를 처
음 만든 것은 중국인으로,
이것을 《동방견문록》의 저

마카로니

자인 마르코 폴로가 이탈리아로 가지고 갔다. 1270년경 중국에서
이 음식을 맛본 마르코 폴로는 그 맛에 반해 조국 이탈리아로 돌아
갈 때 선물용으로 챙겼고, 교황 보니파티우스 8세에게 헌상했다.
바로 맛을 본 교황은 "마, 카로니!(와, 맛있다!)"라고 외쳤다. 그때부
터 이 음식은 마카로니로 불리게 되었다.

Q 전 세계에서 흔히 쓰이는 오케이는 어디서 유래되었을까?

일찍이 미국의 언어학자 멘켄은 "오케이(OK)는 미국이 낳은 가장
성공적인 단어다"라고 평했다. 그런데 오케이의 어원은 여러 가지
설로 분분하다. 그중 대표적인 몇 가지를 살펴보자.

첫째, 미국의 7대 대통령 앤드류 잭슨이 판사로 일하던 시절, "All
correct(좋소)!"라고 사인하려다가 "Oll korrect"라고 잘못 적은 데서
유래했다는 설이 있다.

둘째, 북미 인디언들이 사용하던 'Yes'에 해당하는 'Oke'가 어원이라는 설이 있다.

셋째, 'Order Recorded'를 잘못 읽어서 생겼다는 설이 있다.

넷째, 미국의 8대 대통령 마틴 반 뷰런을 지지한 세력 가운데 'Old Kinderhook Club'이란 단체가 있었는데, 이 약칭인 'O.K. Club'에서 유래했다는 설이 있다.

이 외에도 수많은 주장이 있지만 네 번째 설이 가장 많은 지지를 받고 있다.

 콜럼버스가 인디오의 말을 잘못 이해하는 바람에 담배에는 엉뚱한 이름이 붙여졌다?

중앙아메리카의 원주민인 인디오(Indio)는 기원전부터 흡연을 해왔다. 유럽의 탐험가 콜럼버스가 한 인디오 마을에 갔을 때였다. 마을 남자들은 Y자 모양의 나무관의 한쪽을 콧구멍에 넣고 관의 다른 한쪽에 풀을 채워넣고 불을 붙여 그 연기를 들이마시고 있었다. 느긋하게 누워 있는 그 모습이 정말 기분 좋아 보였던 콜럼버스는 풀을 가리키며 "도대체 그게 뭐냐?"라고 물었다. 그러자 인디오들은 "타바코(tobacco)"라고 대답했고, 여기서 타바코, 즉 담배라는 말이 생겨났다. 사실 인디오들은 Y자 나무관의 이름을 알려줬던 거였지만, 콜럼버스는 자신이 착각한 줄 몰랐다. 콜럼버스 일행은 담배를 피워본 뒤 이것을 약초라고 생각해 담배를 유럽에 가지고 가서 전 세계로 퍼뜨렸다.

 팁이란 말은 빠른 서비스를 제공하는 이발소에서 생겨났다?

서양에서는 뭐든 서비스를 받으면 팁을 주는 것이 매너다. 이처럼 팁을 건네는 관습은 옛날 영국의 이발소에서 시작되었다. 당시 이발소는 머리만 깎는 것이 아니라 몸 안의 나쁜 피를 제거하는 간단한 수술도 했는데, 여기에는 딱히 정해진 요금이 없었고 작은 상자 안에 손님이 적당한 금액을 넣도록 되어 있었다. 이때의 작은 상자는 '팁(tip)'이라 불렸는데 'To insure promptness(신속함을 보증하기 위하여)'라는 말의 준말이었다. 즉, 팁은 수술을 빨리 끝내준 것에 대한 사례금이었다.

 핫도그는 어쩌다 '뜨거운 개'라는 이름을 갖게 되었을까?

1900년 핫도그는 미국 뉴욕의 폴로 경기장에서 처음 판매되었다. 이때만 해도 비엔나소시지를 사용한다고 하여 '비니'라고 불렸다. 그런데 몇 년 후 만화가 도건이 자신의 만화에 '핫도그(hotdog)', 즉 뜨거운 개라는 이름을 붙였다. 여기에는 빵 속 비엔나소시지의 재료 개고기가 쓰였다고 속이기 위한 장난이었다는 설과 비엔나소시지의 모양이 닥스훈트를 닮아서라는 설이 있다. 참고로 중국어로

핫도그는 '열구(熱狗)'다. 이 또한 오해를 사기에 딱 좋은 이름이다.

 마파두부는 곰보 할머니가 만든 두부 요리다?

마파두부(麻辣豆腐)는 중국 장강 상류, 사천 지방을 대표하는 두부 요리다. 본고장의 마파두부는 아주 매운 고추가 들어가서 땀을 쏙 뺄 만큼 맵다. 그곳에서는 '마랄두부(麻辣豆腐)'라고 쓰기도 하는데, 이 경우 마(麻)는 '저리다', 랄(辣)은 '맵다'는 뜻이다. 글자 그대로 '혀가 저릴 정도로 매운 요리'다. 그런데 마파두부의 두 번째 글자 '婆'는 할머니를 의미한다. 이에 얽힌 이야기가 있다. 옛날 이 지방에 곰보 할머니 한 명이 살았는데, 할머니가 만드는 마랄두부가 너무 맛있어서 인근 사람들이 이 요리를 '마파두부'라고 부르기 시작했다. 마(麻)라는 글자에는 '저리다'는 뜻 말고도 '곰보'라는 의미도 있다.

 팩시밀리, 팩스는 어떤 말의 줄임말일까?

팩시밀리의 원리는 1843년 영국의 알렉산더 베인이 발명했다. 그레이엄 벨이 전화를 발명한 것보다 33년 전의 일이었다. 이때 붙여진 이름이 라틴어로 'Fac simile'로, 영역하면 'Make (it) similar', 즉 '똑같은 형태로 재생한다'라는 뜻이었다. 다만 당시의 팩시밀리는 사진 전송을 위해 많이 쓰였고, 현재처럼 전 세계적으로 사무용 기기로 보급된 것은 1970년대 일반 전화의 회선을 이용하게 된 후다.

또한 '팩스'라는 말은 팩시밀리의 준말이다.

 옛날 프랑스인들은 레스토랑을 먹었다?

프랑스어로 '레스토랑(restaurant)'이라는 말에는 '힘을 기르다' 혹은 '기력을 회복하다'라는 의미가 있다. 그리고 옛날 프랑스 사람들은 이 레스토랑을 몸보신을 했다! 원래 레스토랑은 닭고기나 쇠고기, 보리, 포도 등을 함께 찐, 기력회복용 음식의 이름이다. 18세기 말, 레스토랑을 대표 메뉴로 하는 음식점들이 문을 열어 크게 인기를 끌었고, 점차 레스토랑을 판매하는 음식점 자체를 레스토랑이라고 부르게 되었다.

 달콤한 초콜릿은 원래 '쓴 물'이었다?

초콜릿의 원료는 멕시코 아즈텍 족이 만든 기호품 '초코라토르'였다. 이 초코라토르라는 말의 뜻은 '쓴 물'로, 카카오 원두를 빻아 끓인 뒤 그 물을 식히고 후추 등 각종 향신료로 맛을 낸 것이었다. 이 '쓴 물'을 달콤하게 만든 것은 스페인 사람들이다. 중남미로 건너간 대항해 시대의 탐험가들이 피로회복을 위해 마셨는데 향신료의 쓴맛이 입에 맞지 않았던 모양이다. 그래서 향신료의 양만큼 설탕을 넣어 마시기 좋게 만들었다. 이것이 후에 고형화되고, 영어권에 전해지며 초콜릿이라 불리게 되었다.

도넛은 원래 구멍이 없는 데다가, 두 가지 이름이 합쳐진 말이다?

빵이나 케이크 제조업계에서는 밀가루 반죽을 '도우(dough)'라고 부른다. 이것을 기름에 튀긴 것이 '도넛(doughnut)'이다. 이 도넛은 꽤 역사가 있는 과자인데, 언제부터 먹기 시작했는지는 불분명하다. 도넛 하면 일단 가운데에 구멍이 난 모양을 떠올리게 되지만, 이 구멍은 기름에 튀길 때 골고루 잘 익게 하기 위해 뚫은 것으로 비교적 최근에 생겼다. 원래의 도넛은 구멍이 없고 크기도 훨씬 작았다. 그러다 반죽을 뜻하는 '도우'와 작고 둥글어 닮은 점이 있는 '넛츠(nuts, 견과)'라는 말이 합성되어 '도넛'이라고 부르게 된 것이다.

 밸런타인데이의 밸런타인은 중매와 관련 있다?

밸런타인데이(St. Valentine's Day)의 '밸런타인'은 실존 인물의 이름이다. 그는 로마 시대의 주교였던 성 발렌타인이다. 성 밸런타인이 어떤 인물이었는지는 잘 알려져 있지 않다. 일설에 따르면 당시 결혼이 금지되어 있던 로마 병사들에게 중매를 많이 했다고 한다. 참고로 유럽에서는 밸런타인데이에 초콜릿을 선물하는 풍습이 없다. 이것은 일본의 한 제과회사가 판매 촉진을 위해 마케팅 차원에서 만들어낸 의도적인 풍습이다. 유럽에서는 밸런타인데이 때 여성이 남성에게 일방적으로 선물을 주는 것이 아니라 남녀 사이에 선물이나 편지를 주고받는 것이 일반적이다.

Q 요리 칭기즈칸은 몽골과는 전혀 상관이 없다?

둥근 철판 위에 양고기와 채소를 구워 먹는 요리 '칭기즈칸'. 이름만 들으면 몽골 음식 같지만 사실 몽골이나 그 나라의 영웅 칭기즈칸과 아무 관계가 없다. 몽골에서 양고기를 즐기는 것은 사실이나 요리법이 전혀 다르다. 몽골의 전통적인 양고기 요리는 철판을 사용하지 않고 큰 나무 구멍 속에 고기와 채소를 넣은 뒤 구워낸다. 사실 일본에서 만들어진 이 요리에 '칭기즈칸'이라는 이름을 붙인 것은 와시자와 요시지라는 신문기자였다. 그가 취재차 중국에 갔을 때 고물상에서 야구의 케처미트(catcher mitt, 포수용 글러브)처럼 생긴 철판을 손에 넣었는데, 거기에 양고기를 구워보니 정말 맛이 좋더란다. 그는 자기가 만든 요리에 칭기즈칸이라는 이름을 붙였고 이것이 홋카이도를 중심으로 퍼져 유명해진 것이다.

Q 괴물 프랑켄슈타인에게는 원래 이름이 없다? 그럼 프랑켄슈타인은 누구의 이름일까?

영화 속 프랑켄슈타인

프랑켄슈타인 하면 드라큘라, 늑대인간과 함께 서양의 3대 괴물로 꼽힌다. 그런데 사실 프랑켄슈타인은 이름이 없다. 프랑켄슈타인은 영국 작가 메리 셸리가 발표한 원작 《프랑켄슈타인》에서 괴물을 만들어낸 박사의 이름이지 괴물의 이름이 아니다. 괴물을 그렇게 부르게 된 것은 1931년 미국의 유니버설영화사가 소설을 영화화하면서부터였다. 괴물에 이름이 없으면 흥행에 불리할 것이라 판단하고 크게 고민할 것 없이 박사의 이름을 그대로 따온 것이다. 그 덕분인지 영화는 크게 히트했고 이후로 괴물의 이름은 프랑켄슈타인으로 완전히 굳어졌다.

 테디베어에는 미국 대통령의 이름이 들어 있다?

곰 인형을 가리키는 테디베어(teddybear). 테디는 '테어도어'라는 이름의 애칭이다. 즉, 테디베어는 '테어도어의 곰'이라는 뜻인 셈이다. 그럼 테어도어는 누구일까? 그는 바로 미국의 제26대 대통령 테어도어 루스벨트(Theodore Roosevelt)다. 1902년 미국에서는 루이지애나 주와 미시시피 주의 경계선을 둘러싸고 논쟁이 벌어졌다. 논쟁의 결론을 내기 위해 루스벨트 대통령은 마침내 남부까지 내려갔고, 머무는 기간 중 휴일에 사냥을 나가기로 했다. 그때 지역 주민 한 사람이 꾀를 내어 대통령을 위해 미리 새끼 곰을 잡아다 놓고 방아쇠만 당기면 되도록 해놓았다. 그런데 대통령은 곰을 불쌍히 여겨 총을 쏘지 않고 발길을 돌렸다. 이 따뜻한 일화가 세상에 전해져 화제가 되자, 뉴욕의 한 장난감 가게가 새끼 곰을 모델로 인형을 만든 것이 최초의 테디베어였다.

타바스코, 한 사람의 인생을 바꾼 매운맛!

타바스코는 원래 멕시코 남동부의 지명이자 그 지역에서 재배되는 고추의 이름이기도 하다. 과육이 두껍고 즙이 많으며 아주 매운 데다 향이 강해서 인기가 많았던 고추다. 이 지역에서는 예로부터 고추를 갈아서 만드는 소스가 있었다. 이것을 '타바스코'라는 상표로 제품을 만들어 처음 판매한 것은 미국의 맥킬레니라는 기업이었다. 1860년대, 은행가 맥킬레니는 남북전쟁으로 전 재산을 잃고 실의에 빠져 방황하고 있었다. 그에게 남은

것이라고는 창고에 있는 고추뿐이라, 그는 고추를 이용해 소스를 만들어 최후의 만찬을 즐겼다. 그러다 '맛있다!'고 느껴져 그는 타바스코 소스를 상품화하기로 마음먹었고, 이것이 타바스코 소스라는 제품과 이름의 기원이 되었다.

타바스코 소스

 재즈는 원래 음악과는 전혀 상관없는 말이었다?

재즈의 뿌리는 흑인음악인 블루스에 있다. 그런데 재즈라는 이름은 무슨 뜻일까? 어느 날 밤, 시카고의 한 클럽에서 트럼펫 연주자인 톰 브라운의 밴드가 연주를 하고 있었다. 이때 신나는 음악에 흥이 오른 손님 하나가 "Jass it up!" 하고 소리쳤다. 'Jass(Jazz) up'은

어원 · 061

당시 미국의 속어로 '왁자하다, 흥분하다, 섹스하다'의 뜻으로 쓰였는데 이 말이 그날의 분위기에 절묘하게 어울렸던 모양이다. 그때부터 재즈라는 말이 퍼지기 시작했다.

 중국에는 양자강이 없고, 대신 장강이 있다?

중국에서는 다른 나라 사람들이 '양자강(揚子江)'이라고 부르는 큰 강을 다르게 부른다. 중국인에게 그 강은 양자강이 아니라 '장강(長江)'이다. 그럼 왜 다른 나라 사람들은 양자강이라고 부를까? 이것은 오해의 산물이다. 19세기 초, 한 서양인이 배를 타고 장강을 따라 내려가고 있었다. 그러다 그가 선원에게 물었다. "이 강의 이름이 뭔가요?" 하지만 의사소통이 잘 안 되어 선원은 때마침 근처에 있던 다리의 이름을 묻는 거라 생각하고 이를 알려주었다. 그 다리 이름이 바로 '양자교'였다. 선원의 대답을 들은 서양인은 강의 이름이 '양자강'이라고 생각했고 이후로 외국에서는 장강을 양자강이라 부르게 되었다.

 뉴욕 월 가에는 정말로 벽이 있었다?

미국 최대의 주식시장, 뉴욕의 월 가. 여기서 월(wall)은 말 그대로 '벽'이라는 뜻인데, 지금 월가에는 벽 같은 것이 전혀 없다. 그런데 옛날에는 이름에 걸맞게 벽이 있었다. 맨해튼 섬 남단의 거리가 발전하기 시작한 시기는 1830년대인데, 당시는 서부 개척 시대로 아무리 뉴욕이라도 무법자와 원주민으로부터 공격받을 염려가 있었다. 그래서 거리를 지키고자 그 자리에 '암스테르담'이라는 이름의 요새를 만들고 주변에 목책을 둘렀고, 이것이 지명의 유래가 된 '월'이다. 그런데 이 용의주도한 방어막은 대단한 역할을 하지 못했다. 공격해오는 사람도 없고 한동안 방치되다가 결국 철거되었고 이제 '월 가'라는 이름으로만 남았다.

 데킬라는 산불이 만들어낸 술이다?

멕시코를 대표하는 술은 데킬라로, 주원료는 용설란이라는 식물이다. 이 데킬라의 탄생이 정말 뜻밖이다. 산불에서 예기치 못하게 탄생한 술이기 때문이다. 200여 년 전의 일이다. 멕시코의 한 마을 근처에서 산불이 났다. 멕시코의 산에는 선인장 말고도 용설란이 번식하는데, 산불로 그 산의 용설란이 다 타버린 것이다. 그런데 불에 탄 용설란에서 말할 수 없이 좋은 향이 났다. 그것을 발견한 사람이 용설란 줄기를 손가락으로 찔러보았더니 당화(糖化)한 갈색 액체가 흘러나오는 게 아닌가? 그 액체를 받아 발효시키고 증류하여 태어난 술이 바로 데킬라였다. 그리고 산불이 났던 마을의 이름이 '데킬라'여서 술에 그 이름을 붙였다.

사람 목소리로만 연주되는 음악인 아카펠라는 원래 전혀 다른 뜻의 말이다?

악기 없이 오직 사람 목소리만으로 화음을 내는 아카펠라. 대중음악계에서도 한 명의 가수가 다중 녹음으로 아카펠라 곡을 발표하기도 하는데, 아카펠라의 본래 뜻은 '악기가 없다'가 아니다. 아카펠라는 이탈리아어로 '예배당 풍으로'라는 뜻이다. 옛날 로마 가톨릭 교회에서는 미사에서 성가 합창을 할 때 반주를 하지 않는 것이 보통이었다. 그래서 무반주 교회 음악을 아카펠라라고 부르게 되었다.

 파키스탄은 세계에서 가장 독특한 국가명이다?

파키스탄이라는 나라 이름은 그 유래가 정말 독특하다. 제2차 세계대전 후 식민지 생활을 청산하고 독립하기 전, 현재의 파키스탄 영토는 신드, 아프간, 펀자브, 캐시미르, 발루치스탄이라는 다섯 개의 지방으로 나뉘어 있었다. 이 지역들이 하나의 나라가 되면서 각각의 머리글자를 따서 나라 이름으로 삼은 것이다. 펀자브의 P, 아프간의 A, 캐시미르의 K, 그리고 이슬람 국가이므로 I를 하나 넣고, 이어서 신드의 S, 마지막으로 발루치스탄의 TAN을 붙여 'PAKISTAN'이라는 이름이 생겨났다. 그런데 이 이름은 그럴듯한 의미도 담고 있다. 파키스탄의 'Pak'은 힌두스타니어로 '맑고 깨끗함'을 뜻하고 'Istan'은 페르시아어로 '국가'를 의미한다. 이어서 읽으면 '맑고 깨끗한 나라'가 된다. 이 국가명은 당시 영국에서 유학 중이던 한 학생이 아이디어를 냈다고 한다.

 공룡 이름에 '사우루스'가 많은 까닭은?

스테코사우루스, 티라노사우루스, 디노사우루스……. 모두 먼 옛날 한때 지구를 활개 치고 다녔던 공룡의 이름이다. 그런데 이름 뒤쪽에 '―사우루스'가 붙는 것은 왜일까? 공룡은 도마뱀류에 속하는데 사우루스는 그리스어로 '도마뱀'이라는 뜻이다. 예를 들어, 디노사우루스는 '디노(dinos, 무서울 정도로 큰)'라는 말과 사우루스가 합쳐진 것으로 '무서운 도마뱀'이라는 뜻이다. 공룡의 이름에 사우루스 다음으로 많은 것이 이구아노돈같이 '―돈'이다. 이는 화석으로 많이 보았던 공룡의 날카롭고 커다란 이빨과 관계있는 이름이다. 역시나 그리스어로 이빨을 '오돈'이라고 하며 이것이 짧게 변형되어 '―돈'이 된 것이다. 오래전 지구의 주인이었던 공룡에게 잘 어울리는 이름이다.

 어떤 언어든지 엄마, 어머니를 뜻하는 말은 'm음'으로 시작되는 경우가 많다. 왜 그럴까?

세계 각국의 언어에서 '어머니'를 모아보면 재미있는 사실을 알 수 있다. 대부분이 'm'음으로 시작한다는 것이다. mother, mammy(영어)를 비롯해 mutter(독일어), madre(이탈리아어), moeder(네덜란드어), mae(포르투갈어), muthr(그리스어), matb(러시아어), mama(스와힐리어), me(베트남어), mea(태국어)……. 이것이 다 우연일까? 물론 그렇지 않다. 'm음'은 입술만 조금만 움직여도 아주 쉽게 발음할 수 있어서 아기가 맨 처음 입 밖에 내기에 가장 적절하다.

모교는 있는데 왜 부교는 없을까?

여학교 출신이라면 '모교(母校)'라는 말이 어울리지만, 남학교인데도 모교라는 말을 쓰는 것은 왜일까? 프랑스어를 비롯한 유럽 언어에서는 단어가 남성명사, 여성명사로 나뉘는 경우가 많은데 프랑스어로 학교는 'école'이며 이것은 여성명사다. 모교라는 단어도 이 'école'에서 유래한 것으로 보인다. 외국에서 이 말이 들어올 때 학교가 여성명사고, 학생을 키워주는 어머니와 비슷한 존재라서 자연스레 '모교'로 번역됐을 가능성이 높다.

면학이 쉽지 않은 이유가 글자에 담겨 있다?

출산의 고통은 남자는 상상조차 못할 정도라는데 분만의 '만(娩)'이라는 글자 모양을 분석해보면 절로 고개가 끄덕여질 것이다. 만(娩)이라는 글자는 계집 녀(女) 변에 면(免) 자를 쓴다. 면(免)은 여성이 가랑이를 벌리고 출산하는 모습을 나타낸 상형문자다. 좁은 산도로 아기를 낳기 위해 애쓰는 산모의 고통이 느껴지는 이 글자는 오랜 세월이 흐르며 점점 '노력한다'라는 의미로 쓰이게 되었다. 면학(勉學)의 면(勉)도 비슷하다. 여성이 배에 힘을 주는 모습에 힘 력(力) 자가 더해졌으니 이 글자는 출산 때보다도 힘이 더 들어가야 한다. 제대로 된 공부를 하려면 상당한 각오가 필요하다는 속뜻이 숨어 있다.

한자어로 동물 수컷은 '모'이고 암컷은 '빈'인 까닭은?

동물 암수를 가리키는 '빈모(牝牡)'라는 두 글자에는 모두 '소 우(牛) 변'이 붙어 있다. 이것은 소가 인류와 함께한 역사가 길기 때문인데, 수컷에는 왜 '흙 토(土)'가 붙었을까? 여기의 '토'는 땅을 가리키는 것이 아니라 꼿꼿이 서 있는 상태를 나타낸다. 인간과 가장 가까운 가축의 몸에 가장 꼿꼿하게 버티고 서 있는 것은 바로 성기다. 즉 모(牡) 자는 짝짓기 하는 수컷 소를 보고 만든 글자이다. 한편 동물의 암컷은 소 우 변에 비(匕)를 쓴다. 이 글자의 모양은 완만한 암컷 특유의 곡선을 연상케 한다.

부처, 보살, 관세음, 여래 등등 그 차이는 무엇일까?

'보살'은 깨달음을 얻기 위해 수행하는 사람이다. 스스로 수행하면서 중생을 구제하기 위해서도 힘을 쏟기 때문에 일반인에게는 친근한 존재인 동시에 구원으로 인도해주는 감사한 존재이기도 하다. '관세음'이라는 이름으로도 알려져 있지만 정식 명칭은 '관세음보살'이다. 한편 보살이 깨달음을 통해 한 차원 높은 존재가 된 것이 '부처'다. 다른 말로 '여래'라고도 한다. 흔히 부처가 곧 석가라고 오해하지만 틀린 표현이다. 평범한 인간이던 석가가 깨달음을 얻어 '석가여래'가 되었으며 사실 부처라 불리는 존재는 여럿이다. 질병을 고치는 '약사여래'나 극락정토를 다스리는 '아미타여래' 등이 대표적인 예다.

 특허권과 실용신안, 비슷해 보이는 두 단어의 정확한 뜻은?

1772년 영국의 화학자 조셉 프리스틀리가 연필 글자를 지우는 고무를 발명해서 세상을 놀라게 했다. 그 뒤 1858년 미국인 하이만 리프만이 처음으로 연필 끝에 지우개를 달아 10만 달러를 벌어들였다. 두 사람 중 특허권을 얻을 수 있는 사람은 누구일까? 답은 프리스틀리다. 특허권이란 '지금까지 없던 독창적인 기술, 아이디어, 발명 등으로 산업 발전에 기여한 것'에 주어진다. 한편 실용신안은 '원래 있던 물건, 도구에 아이디어를 더하여 불편함을 해소하거나 결점을 개선한 것'이다. 그러니 아무리 연필 끝에 지우개를 처음으로 달았어도 연필도 지우개도 원래 있던 것이니 특허를 취득할 수 없다.

자매도시는 있어도 형제도시는 없는 까닭은 무엇일까?

서울과 샌프란시스코, 부산과 두바이는 '자매도시'다. 그런데 왜 '형제'가 아니라 '자매'일까? 그러고 보면 관련 있는 가게도 '자매점'이라고 하지 '형제점'이라고 하지 않는다. 이는 중국어의 특성에서 기인했다. 중국어에서는 사람과 관련된 것에는 남성명사를, 사물과 관련된 것에는 여성명사를 사용한다. 도시, 가게 등은 사람이 아니라 사물이니 여성명사로 보고 '자매'라는 단어를 쓰는 것이다. 조국을 '모국'이라 하는 것도 사람이 아니기 때문이다.

 운전석 옆자리를 왜 조수석이라고 부를까?

자동차 운전석 옆자리를 흔히 조수석이라고 한다. 자동차 경주의 경우라면 실제로 조수가 탑승하기도 하지만, 일반 운전자에게는 와닿지 않는 말이다. 길치이거나 면허도 없는 사람이 옆에 탈 수도 있고 코를 골며 잘 수도 있는데 왜 '조수석'일까? 이 이름에는 역사적인 근거가 있다. 자동차가 갓 세상에 등장했을 때 운전석 옆자리에는 정말 조수가 앉았다. 당시만 해도 자동차가 매우 특수한 기계였던 터라 운전을 보좌하는 조수가 필요했던 것이다.

 일 년 중 2월만 유독 짧은 것은 이름 때문이다?

일 년은 365일이다. 이를 12로 나누면 30하고도 5가 남는다. 단순하게 계산하면 30일까지 있는 달이 7개, 31일까지 있는 달이 5개다. 그런데 왜 2월만 28일(혹은 29일)일까? 현대 태양력의 뿌리가 된 것은 초기 로마력이다. 이것은 일 년을 355일로 계산한 태음력이었다. 짝수를 싫어했던 로마인은 31일까지 있는 달을 4개, 29일까지 있는 달을 7개로 만들고 나머지 하나의 달만 짝수인 28일로 만들었다. 당시에는 지금의 3월인 March가 일 년의 첫 번째 달이고 2월이 마지막 달이었다. 2월을 의미하는 February는 '죽음의 신'의 이름이기도 했다. 그래서 짧을수록 좋다고 여겨서 28일로 만들었다. 이 달력은 카이사르 시대에 개정되었고 당시의 11번째 달이 첫 번째 달, 즉 오늘날의 January가 된 것이다. 또 태양력으로 바뀌며 10일이 늘어났고 각 달에 분배되었지만 이때도 '죽음의 신'의 달은 짧을수록 좋다며 28일인 채로 남겨두었다.

3

일상생활 속에서 배우는
과학 상식

과학에서는 새로운 사실을 얻는 것보다
새로운 사실을 생각하는 법을
찾아내는 것이 중요하다.

– 윌리엄 헨리 브래그(William Henry Bragg), 물리학자

예전에 비해 요즘 계란의 노른자는 더 노랗다! 이렇게 노른자 색이 진해진 이유는?

계란 노른자의 색이 과거에 비해 더욱 선명해졌다. 그 이유는 닭의 모이에 있다. 모이 성분에서 가장 큰 비중을 차지하는 옥수수에는 카로티노이드(carotinoid, 동식물계에 분포하는 노랑, 주황색을 띄는 색소)가 들어 있는데, 옥수수가 흉작이면 그 영향으로 노른자의 색이 옅어질 수 있어 이를 막기 위해 모이에 색조강화제를 섞는 것이다. 왜 그렇게 할까? '노른자가 선명할수록 영양이 풍부하다'는 소비자의 고정관념 때문이다 색소 자체에는 영양분이 없으므로 색이 연하다고 해서 영양이 부족한 것이 아니다. 오히려 색소강화제를 쓴 계란의 영양이 더 낮다는 데이터도 있다.

 고무는 검은색이 아닌데, 고무로 만드는 자동차 타이어는 왜 검은색일까?

자동차 차체의 색은 각양각색이지만 세계 어디를 가도 타이어는 검은색이다. 여기에는 지극히 실용적인 이유가 있다. 자동차 타이어는 인조 고무와 천연 고무를 가공하여 만드는데, 고무 단계일 때는 검은색이 아니다. 타이어로 만들어져 혹독한 주행에 견디기 위해서는 고무만으로는 부족하다. 그래서 고무의 1/2 분량만큼 카본을 보강제로 섞는데, 카본은 새카만 탄소 가루다. 이 때문에 타이어도 까

많다. 카본을 넣지 않으면 이론상으로 하얀 타이어를 만들 수 있지만 그런 타이어로는 엉금엉금 시내주행을 하는 정도에 그칠 것이다.

 의사와 간호사는 수술실에 들어갈 때 왜 흰색 옷을 녹색 옷으로 갈아입을까?

흔히 '백의의 천사'라고 불리는 간호사. 그런데 간호사가 수술실에 들어갈 때는 대개 흰색이 아닌 짙은 녹색 옷을 입는다. 의사도 마찬가지인데, 여기엔 중대한 이유가 있다. 음성잔상(陰性殘像)에 의한 사고 방지가 그것이다. 붉은 장기를 오랜 시간 바라보며 작업하다 보면 그 색의 잔상이 눈에 남고, 눈의 보색 작용에 의해 흰색 벽이 청록색으로 보이기도 한다. 중요한 수술에서 실수가 없도록 하기 위해 짙은 녹색 수술복을 입는 것이다.

 얼음은 투명한데, 눈은 왜 흰색일까?

"눈은 어째서 흰색이야?" 아이로부터 이런 질문을 받는다면, 당신은 대답할 수 있을까? 그럴 때는 빙수의 얼음을 예로 들어 설명해 보자. 투명한 얼음을 갈아내어 만드는 빙수가 새하얗게 보이는 것은 공기 때문이다. 빛이 공기에 난반사되어 하얗게 보이는 것이다. 눈도 그 결정 안에 꽤 많은 공기를 포함하고 있어 하얗게 보인다.

총소리가 안 나는 총, 피스톨 소음기의 원리는?

피스톨 소음기는 총구에 원통 모양으로 된 기구를 끼워 사격 시의 소음을 줄이는 장치다. 그 구조는 의외로 단순하다. 총소리가 요란한 것은 발사하는 순간 총구에서

피스톨 소음기

고압가스가 분출되기 때문이다. 소음기는 총구에서 분출되는 가스의 양을 줄여서 총성이 작아지게 한다. 동속에는 몇 개의 칸막이가 있어서 분출되는 가스를 분산하여 총신 안에 머무르게 하는 구조로 되어 있다. 그런데 이 소음기를 전문 킬러가 사용하는 경우는 거의 없다고 한다. 소음기를 장착하면 총탄의 발사 속도가 떨어지고 위력도 반감되어서 확실히 상대를 제거하기 위해서는 큰 소리가 나더라도 고압가스를 힘차게 뿜어내야 할 것이다.

 지구의 마지막 날이 온다면 하루가 44시간이 된다?

지구가 1회 자전하는 데는 약 24시간이 걸린다. 이를 기준으로 하루의 길이가 정해지는데, 오랜 옛날에는 지금과 달랐다. 지구가 막 탄생했을 무렵, 지구는 겨우 5시간 만에 자전했다. 당시의 하루는 5시간밖에 안 됐던 것이다. 이것으로도 알 수 있듯, 지난 45억여 년

동안 지구의 자전 속도는 점차 느려졌다. 가장 큰 원인은 달의 인력이다. 이 때문에 조수 간만의 차가 생기고 해수와 바다 밑바닥 사이에 마찰력이 생겨 지구의 자전에 지속적으로 브레이크가 걸리고 있다. 다만 이로 인한 변화는 아주 미세해서 10만 년당 1초씩 느려지는 정도다. 지구의 수명이 앞으로 50억 년 남았다고 가정하면, 이대로 자전 속도가 느려지다가는 지구 마지막 날은 하루가 44시간이나 될 것이라 추측할 수 있다.

 나침반의 빨강색 바늘은 북쪽을 가리킨다. 그런데 북극점에서는 빨강색 바늘이 어디를 가리킬까?

나침반의 빨강색 바늘은 항상 북쪽을 가리킨다. 그럼 북극점에서는 바늘이 어디로 향할까? 정답은 캐나다 쪽이다. 본래 나침반의 자석의 한쪽은 북쪽을 가리키게 되어 있다. 이때 북쪽은 북극점이 아니라 '북자극(Magnetic Northern Pole)'이다. 그 지점은 캐나다 북부에 있다. 북극점과 남극점은 지구 자전의 중심이 되는 축의 정점이지 북자극과는 별개다.

 바다에도 경계가 있다. 그렇다면 태평양, 대서양, 인도양의 경계는 어디일까?

육지에 지도가 있듯 바다에는 해도가 있다. 전 세계적으로 사용되는 공식 해도는 '국제수로기관(IHO)'에서 만들고 해양의 범위나 이름, 세계 모든 바다의 경계도 이곳에서 정한다. 태평양과 대서양의 경계선은 북미대륙에서 남미대륙 서안을 따라 남하하여 최남단인 '혼 곶(Horn Cape)'에서 남극대륙에 이르는 서경 67도 16분의 경도선으로 정해져 있다. 대서양과 인도양은 노르웨이에서 프랑스, 스페인, 아프리카 대륙 서안을 따라 남하하여 최남단 아굴라스 곶에서 남극대륙에 이르는 동경 20도 1분의 경도선이다. 오호츠크 해나 동해 등은 태평양에 속한다. 카리브 해나 지중해 등은 대서양, 홍해나 페르시아 만 등은 인도양에 속한다. 이렇듯 바다에도 분명 경계선이 있다.

 먼 옛날 에베레스트 산의 높이는 지금보다 더 높았다. 왜 높이가 줄었을까?

세계에서 가장 높은 산 에베레스트는 해발 8,843미터에 달한다. 그런데 이 에베레스트의 높이가 옛날에는 지금의 거의 두 배에 달했다는 설이 있다. 에베레스트는 약 5천만 년 전 인도 대륙이 아시아 대륙과 충돌하면서 생겨났는데, 당시 이 산의 높이가 무려 1만5천 미터가 넘었다는 것이다. 그것이 2천만 년 전부터 시작된 지층의 대규모 침하로 지금의 높이가 되었다고 한다. 최근 에베레스트 산에서 새로운 단층이 발견되며 이런 주장이 제기되었다. 단층을 근거로 추측해보면 에베레스트는 이중지층으로 이루어져 있어 지금보다 훨씬 더 높았을 것으로 보인다. 지층이 침하하지 않았다면 에베레스트는 도저히 못 오를 산으로 남을 뻔했다.

 날짜 변경선은 직선이기도 하고 아니기도 하다?

지구의 날짜 변경선은 일본과 하와이의 중간, 동경 180도의 자오선을 따라 남극과 북극과 연결하는 선이다. 날짜 변경선 덕분에 한밤중에 공항을 출발해 같은 날 아침 하와이에 도착할 수도 있다. 1884년 미국에서 열린 국제자오선회의에서 동경, 서경, 날짜 변경선의 정의를 내렸다. 날짜변경선은 남극과 북극을 잇는 직선이 아니라 이 선상에 존재하는 여러 섬과 육지를 우회하여 그어져 있다. 한 마을이 날짜 변경선으로 나뉠 경우 이쪽 집은 오늘, 저쪽 집은 내일인 상황이 발생할 수 있다. 이 같은 황당한 상황을 막기 위한 것이다.

 만년설이라 부르는 눈은 정말 1만 년 전의 눈일까?

히말라야 산맥이나 알프스 정상 부근에는 늘 눈이 쌓여 있다. 1만 년 전부터 그 풍경에 변함이 없었을 것이라는 뜻에서 '만년설'이라는 이름이 붙었다. 그런데 만년설은 아래쪽부터 조금씩 녹고 있다. 만년설을 녹이는 것은 지구의 지열로, 아래에서는 눈이 녹고 위에는 새로 내린 눈이 쌓이는 것이다. 그러므로 같은 눈이 1만 년 동안 머물러 있는 것이 아니며 신진대사를 하는 사람의 몸처럼 매일 눈도 새로워지고 있다.

 추운 지방의 바다에 떠다니는 얼음덩어리 '유빙'과 '빙산'. 비슷해 보여도 유빙은 짜고, 빙산은 짜지 않다. 왜 그럴까?

빙산(氷山)이나 유빙(遊氷)은 모두 바다 위를 둥실 떠다니는 얼음덩어리다. 그런 까닭에 크기만 다를 뿐 똑같은 얼음덩어리라고 생각할 수도 있다. 물론 둘 다 본질적

추운 지방의 유빙

으로 얼음덩어리인 것만은 분명하다. 그러나 엄밀히 말해 이 둘은 애초 그 성분부터 다르다. 단적으로, 빙산이 녹으면 맹물이 되지만 유빙은 소금물이 된다. 빙산은 육지의 빙하가 바다로 밀려나와 물 위를 떠다니는 것이다. 그 원료는 눈이므로 녹으면 당연히 맹물이 된다. 반면, 유빙은 바닷물이 아주 낮은 온도에서 언 것이다. 그러므로 녹으면 애초의 바닷물 그대로 짠 물이 된다.

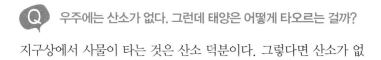 우주에는 산소가 없다. 그런데 태양은 어떻게 타오르는 걸까?

지구상에서 사물이 타는 것은 산소 덕분이다. 그렇다면 산소가 없

는 우주에서 어떻게 태양은 계속 타오를까? 일단, 태양은 산소로 타오르는 것이 아니다. 핵융합반응에 의해 거대한 에너지를 방출하는 것이다. 태양 자체는 거대한 수소가스 덩어리 같은 것으로 수소의 원자핵이 서로 충돌해서 중수소를 만든다. 그리고 중수소가 다시 충돌하며 헬륨 원자핵이 만들어진다. 이런 화학반응이 반복되면서 엄청난 에너지가 생긴다. 그래서 태양은 마치 불타는 것처럼 보인다.

 성운의 이름에는 왜 M이 붙을까?

영화 속 울트라맨은 'M78 성운'이라는 별에서 지구로 왔다. 그의 고향, 울트라별은 그 성운 안에 존재하는 것으로 설정되어 있다. 그런데 M78 성운뿐만 아니라 성운이나 성단에는 대부분 M이라는 글자가 붙어 있다. M에 무슨 의미가 있을까? M은 성운이나 성단에 처음으로 번호를 단 프랑스 천문학자 메시에의 머리글자다. 그는 성운과 성단의 일람표를 만들 때 이름의 머리글자를 따서 M1, M2 식으로 번호를 붙였다. 참고로 M1은 '게 성운'이다.

 너무나도 뜨거운 태양의 온도는 어떻게 측정할까?

학창 시절, 과학 시간에 태양의 표면 온도가 약 6천 도라고 배웠을 텐데, 이 온도는 어떻게 측정했을까? 답은 색깔에 있다. 도예가는 타오르는 불의 색상으로 가마의 온도를 가늠한다. 이런 원리와 마찬가지다. 우선 프리즘을 이용하여 태양 빛을 여러 색깔로 분해한다. 이것을 '스펙터 분석(spector analysis)'이라고 한다. 이에 따르면 태양 빛은 거의 노란색이다. 이것을 지상의 실험 데이터에 맞춰보면 태양의 표면 온도가 나온다. 이제는 온도뿐만 아니라 빛의 색에 따라 어느 별이 어떤 원소로 이루어져 있는지까지 알 수 있다. 참고로 우주에서 온도가 가장 높은 것은 푸르스름하게 빛나는 O형이라는 스펙터클형 별이다. 그 표면 온도가 무려 3만 도를 넘는다.

 '하늘의 별만큼'이란 표현을 과학적으로 분석하면 별이 대체 몇 개일까?

'하늘의 별만큼'이라는 표현은 다 세지 못할 정도로 많다는 뜻의 비유인데 그럼 실제로 별은 몇 개나 있을까? 먼저 태양계에는 태양과 9개의 행성이 있다. 그 위성까지 합하면 대략 50개 가까이 된다. 태양계가 속한 은하계에는 태양과 비슷한 항성만 2천억 개라고 한다. 행성이나 위성까지 합치면 그 수십 배가 될 것이다. 게다가 우주에는 은하계 같은 것이 적어도 수십억 개다. 결국, 현대과학으로는 모든 별의 숫자를 셀 수 없다. 무한대에 가까울 정도로 많다고 할 수밖에. 참고로 육안으로 확인할 수 있는 별의 수는 약 6천 개다.

더운 여름, 하늘에서 우박이 내릴 때가 있다. 어떻게 차가운 우박이 녹지 않고 내리는 걸까?

우박이 만들어지기 위해서는 공기 중의 많은 수분이 필요하다. 겨울에는 공기가 건조하고 수분이 적어 우박이 잘 생기지 않는다. 반대로 여름은 수분이 충분해서 우박이 생기기 쉽다. 땅 위는 더워도 우박이 만들어지는 상공은 늘 빙점 이하이므로 수분만 충분하면 어느 계절에라도 우박이 생기는 것이다. 다만 한여름 기온이 너무 높으면 땅에 닿기도 전에 우박이 녹을 수 있다. 저녁 무렵 떨어지는 굵은 빗방울은 우박이 녹은 것일 가능성이 크다. 대체로 지상 기온이 25도 이상이면 우박은 땅에 닿기 전에 녹는다. 참고로 싸라기눈과 우박은 본질적으로 같은 것이며 지름 5밀리미터 이상이면 우박, 그보다 작으면 싸라기눈으로 부른다.

 이상건조주의보가 내린 날은 빨래가 아주 잘 마를까?

'빨래하기 좋은 날' 하면 맑게 갠 봄이나 여름 날씨가 생각나는데, 그러면 겨울, 일기예보에서 이상건조주의보가 내린 날은 어떨까? 건조도 그냥 건조가 아니라 '이상'이라는 글자가 붙을 정도니 빨래가 잘 마를 것 같지만 사실 그렇지 않다. 빨래는 건조한 겨울날보다 습기 많은 여름날에 더 잘 마른다. 빨래 건조에서 가장 중요한 것은 온도다. 기온이 높으면 대기 중 수분의 허용량이 커져서 세탁물의 수분이 빨리 증발한다. 한편 이상건조주의보가 발령되어도 기온이 낮으면 대기 중 수분 허용량이 적다. 공기가 건조한 것만으로 빨래가 빨리 마르지는 않는 것이다. 겨울에는 아무리 건조주의보가 내린 날이라도 난방 중인 방에서 빨래가 더 빨리 마른다.

 수영장에 벼락이 치면 수영하던 사람은 어떻게 될까?

물과 전기는 무서울 정도로 서로를 끌어당긴다. 만약 바다나 수영장에 벼락이 떨어지면 그 안에서 수영하던 사람은 어떻게 될까? 물속에 잠수해 있는 사람은 걱정할 필요가 없다. 벼락의 강력한 전압도 잠수해 있는 사람을 감전시킬 수 없기 때문이다. 벼락이 수면에 떨어진 순간, 그 전압은 무려 100만 볼트나 된다. 그러나 이 전기도 물속에서는 즉시 사방으로 퍼져 순식간에 위력을 잃고 만다. 다만 수면 위에 몸의 일부가 나와 있다면 사정은 달라진다. 특히 벼락에 머리를 맞는다면 목숨을 건지기 어렵다. 감전사하지 않으려면 완전히 물속에 잠겨 있어야 한다.

 공포영화에서는 늪에 사람이 빠져 죽기도 한다. 늪의 바닥은 실제로 어떤 상태일까?

공포영화에서 늪에 잘못 발을 들이면 다리가 쑥 빠져들고 몸부림치면 칠수록 더 깊이 가라앉는다. 마지막으로 사람의 손마저 사라지면 결국 아무것도 남지 않는다. 이렇게 무서운 늪도 겉에서 보면 평범한 진흙이다. 그래서 평평한 땅과 착각하기 쉽고, 무심코 발을 들였다가 체중 때문에 가라앉고 마는 것이다. 더구나 물속에서처럼 몸을 자유롭게 움직일 수 없어 몸부림칠수록 더 빠르게 가라앉는다. 그래도 바닥이 없는 것은 아니다. 깊이가 사람 키보다 얕다면 목숨을 건질 수 있다. 하지만 깊이가 2미터 이상이면 수분을 머금은 진흙이 인간을 삼켜버린다. 이런 늪은 열대지방 늪지대에 무수히 존재한다. 또한 지하수가 스며 나오는 습지대라면 어디서든 생길 수 있다.

 눈이 엄청 많이 내리는 지역은 겨울에 무척 조용하다. 그 이유는 무엇일까?

겨울에 눈이 많이 내리는 지역을 가면 정말 고요하다. 도시에도 눈이 내리면 요란하던 소음이 다 어디 가버렸나 싶게 조용하다. 이것은 눈이 뛰어난 흡음재이기 때문이다. 눈 결정은 육각형으로 이것이 모여 다양한 입자를 이루고 한 송이의 눈이 된다. 눈 입자와 입자 사이에는 빈 공간이 많이 있고 그 틈마다 공기로 채워져 있다. 소리, 즉 공기의 진동이 이 틈에 전달되면 그곳의 공기와 충돌한다. 그러면 소리 에너지가 열에너지로 바뀌고 소리는 사라진다. 그래서 눈이 내리면 주위가 조용해지는 것이다. 참고로 소리 에너지가

50퍼센트 흡수되었을 때의 흡음률은 약 0.5이다. 눈의 흡음률은 주파수 600헤르츠 이하일 경우 0.8~0.95나 된다. 흡음 능력이 가장 뛰어나다고 하는 유리섬유와 비슷한 정도다.

 자동차 도로의 제한속도는 대개 100킬로미터다. 그런데 자동차 미터기에는 왜 180킬로미터 이상까지 표기되어 있을까?

일반적인 자동차 도로의 제한속도는 100킬로미터 안팎인데 자동차 미터기는 180킬로미터 이상까지 표기되어 있다. 여기에는 그럴 만한 이유가 있다. 우선 '다른 나라로 수출할 경우에 대비해서'다. 해외에는 최고 제한속도가 시속 150킬로미터인 특수한 도로가 있다. 또 하나, 자동차 제조사들이 저마다 자동차 성능을 과시하기 위해서라는 주장도 있다. 혹은 갑자기 장애물을 피해야 하는 상황이나 위급한 상황에서 속도를 올려야 할 때를 대비한 것이기도 하다.

 일종의 리모컨인 원격 시동키로 다른 차가 열리지 않는 이유가 무엇일까?

바야흐로 리모컨 전성시대다. 리모컨 스위치에 엉뚱하게도 다른 제품이 반응하기도 하는데, 그렇다면 자동차를 잠그고 여는 원격 시동키는 문제가 없을까? 원격 시동키의 주파수의 경우, 자동차 제조사별로 사용할 수 있는 주파수가 딱 하나만 할당된다. 그러면 원격 시동키를 눌렀을 때 같은 제조사의 다른 차가 열리는 일이 일어날 수 있지 않을까? 다행히 걱정할 필요는 없다. 주파수는 하나라도 각 자동차마다 고유 ID 코드가 설정되어 있기 때문이다. 그 수가 무려 1천6백만 가지나 된다고 한다.

 핸들을 잡은 뒤 30~40분 안에 사고 날 확률이 가장 높다?

운전자에게 한밤중이나 새벽은 '마(魔)의 시간'이지만 이에 못지않게 위험한 시간이 또 있다. 운전은 시작한 지 30~40분 이내의 시간이다. 경찰 조사에 따르면 이때 사고가 가장 많았고 그다음으로 위험한 시간은 10~20분 뒤와 20~30분 뒤였다. 즉, 전체 교통사고의 70퍼센트가 운전 시작 40분 이내에 일어난 것이다. 몸이 운전에 적응하느라 온전히 신경을 집중하지 못하는 시간이기 때문이다. 또 시간대별로 보면 저녁 무렵이 가장 사고가 많다. 막 어두워지기 시작할 때 시야가 가장 나빠서다. 그러니 초저녁에 그날 처음 핸들을 잡게 된다면 각별히 조심해야 한다.

 F1 스폰서 중에 담배회사가 유독 많은 까닭은?

F1(Fomula1, 세계 최대의 자동차 경주) 그랑프리 대회 운영에는 막대한 자금이 든다. 그래서 다양한 스폰서로부터 지원을 받는데 가장 눈에 많이 띄는 것이 담배회사다. 왜 F1 스폰서 중에 유독 담배회사가

많을까? 1964년 미국에서 담배가 암이나 심장병 등의 원인이라고 발표된 것이 그 계기다. 이때부터 미국에서는 대대적인 금연운동이 이어지고 급기야 텔레비전 담배 광고가 금지되었다. 담배에 대한 부정적인 인식은 점차 F1의 본고장인 유럽에까지 퍼졌다. 그러자 판매에 큰 타격을 받은 담배회사들은 어떻게든 텔레비전에 등장해보려 궁리를 했고 그 방법 중 하나가 F1의 스폰서였다. F1 경기는 전 세계에 중계된다. 경기에 등장하는 자동차에 자사 담배 광고를 붙여놓으면 텔레비전 광고를 내보내는 것과 같은 효과가 있으리라 판단했던 것이다.

 어린이는 어른보다, 서양인은 동양인보다 교통사고를 당할 확률이 높다. 그 까닭은?

어린이는 시야가 좁아서 성인에 비해 교통사고를 잘 당한다는 주장이 있다. 성인의 양쪽 눈 시야의 범위는 200도 전후. 정면을 향해 있어도 양옆은 물론, 대각선으로 뒤쪽 일부까지 볼 수 있다. 하지만 어린이는 어른 시야의 80퍼센트 정도밖에 보지 못한다. 그래서 옆에서 다가오는 차를 보지 못하고 갑자기 차에 뛰어들어 사고를 당하는 것이다. 한편 서양인은 동양인에 비해 시야의 범위가 훨씬 좁다. 높은 콧대와 굴곡이 선명한 얼굴 생김이 시야를 차단하기 때문이다. 동양인의 낮은 코와 평평한 얼굴이 교통사고 대처에는 훨씬 도움이 되는 셈이다.

 여객기에는 전투기에서 사용하는 비상탈출용 낙하산이 없다. 왜일까?

전투용 제트기에는 대개 비상탈출용 낙하산이 비치되어 있다. 그런데 무엇보다 안전을 중시해야 하는 여객기에는 이것이 없다. 여기에는 그럴 만한 이유가 있다. 우선 고공을 날고 있는 여객기는 문을 아무리 열려 해도 열리지 않는다. 기내 기압이 외부 기압보다 높아서다. 또 낙하산을 걸치고 뛰어내려 무사하려면 비행기가 시속 300킬로미터 이하로 날고 있어야 한다. 그보다 더 빠르면 사람이 비행기 밖으로 뛰어내릴 때 엄청난 바람의 압력을 도저히 견딜 수 없다. 점보급 제트여객기가 시속 300킬로미터 이하로 비행할 때는 추락하기 직전뿐이다. 낙하산을 메고 뛰어내리는데 한 사람당 적어도 3초가 걸리니 전원이 뛰어내리기 전에 추락하고 말 것이다. 그러니 여객기를 탈 때는 다른 승객, 승무원들과 생사를 같이하겠다는 각오를 하는 수밖에 없다.

 활주로에서 비행기가 비상하려면 여러 절차를 거쳐야 한다. 그렇다면 비행기의 공식적인 출발 시각은 정확히 언제일까?

비행기를 타고 해외에 나갈 때 대기 시간은 생각보다 길다. 출국 수

속을 밟고, 로비에 나가 한참 기다리고, 마침내 비행기에 탄다. 그
후에도 긴 도로를 지나 활주로로 나가 이륙한다. 각 단계마다 걸리
는 시간이 꽤 길다. 그렇다면 여러 단계 중 진짜 비행기 출발 시각
은 언제일까? 정답은 유도로에서 활주로를 향해 바퀴가 구르기 시
작하는 순간이다. 즉, 승객을 다 태우고 움직이기 시작한 순간이 출
발 시각이 되는 것이다.

 비행기 활주로 바닥에는 숫자들이 적혀 있다. 이것은 무엇을 뜻할까?

비행기를 자주 타는 사람이
라면 공항 활주로에 적힌 숫
자를 보았을 것이다. 어느
활주로에나 하얀 페인트로
18이나 27 같은 숫자가 있
다. 혹시 기장이 보고 길을

공항 활주로

찾기 위함일까? 사실 이 숫자는 활주로가 뻗어 있는 방향을 나타낸
다. 정북향을 기준으로 오른쪽 방향으로 몇 도 각도로 활주로가 뻗
어 있는지를 10도 단위로 표시한 것이다. 예를 들어, 활주로가 정
동향이라면 북쪽을 기준으로 90도가 되므로 활주로 끝 지점에 09
라고 적어놓는다. 마찬가지로 정서향은 270도이므로 27, 정북향은

360도이므로 36, 정남향은 180도이므로 18이라고 적는다.

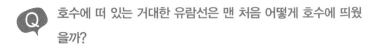

Q 호수에 떠 있는 거대한 유람선은 맨 처음 어떻게 호수에 띄웠을까?

바다와 연결되지 않은 호수에 어떻게 거대한 배를 띄웠을까? 모터보트 정도라면 트럭으로 운반할 수 있지만 큰 유람선은 이야기가 다르다. 어쨌거나 답은 간단하다. 부품을 호수까지 운반해서 호숫가에 있는 도크(dock, 선박을 건조 · 수리하기 위해서 조선소 · 항만 등에 세워진 시설)에서 조립하는 것이다. 호숫가를 따라 쭉 걷다 보면 도크를 발견할 수 있을 것이다. 취항 후의 정기점검이나 수리도 모두 이 도크에서 이루어진다.

Q 각국의 지폐에는 대부분 인물 초상화가 그려져 있다. 왜일까?

지폐에도 대개 초상화가 들어가 있는데, 훌륭한 업적을 기리는 것 외에 다른 이유가 있다. 위조지폐를 방지하기 위함이다. 인간의 눈은 건물이나 풍경이 조금 달라져도 쉽게 눈치 채지 못한다. 하지만 평소부터 무의식적으로 관찰했던 사람의 얼굴은 조금만 달라져도 금방 알아챌 수 있다. 그래서 초상화를 통해 위조지폐인지 아닌지 구별할 수 있는 것이다. 그만큼 초상화의 모사가 어렵다는 말이기도 하다.

못생긴 얼굴도 사흘이면 적응된다?

미인은 사흘이면 질리고 못생긴 얼굴은 사흘이면 익숙해진다는 말이 있다. 미인의 경우는 알 수 없으나 '못생긴 얼굴은 사흘이면 익숙해진다'는 말은 심리학적으로 타당하다. '숙지성(熟知性)의 법칙'으로 이를 설명할 수 있는데, 상대방과 만날 일이 많아지면 자기도 모르는 사이에 익숙해지고 친근해지는 심리 작용이다. 예를 들면 처음에는 그저 못생긴 사람으로 여겼다가, 여러 번 마주하다 보니 '취미도 비슷하고, 성격도 시원시원하고, 애교 있는 귀여운 얼굴인데' 하고 생각이 바뀌게 되는 것이다. 이러면 외모의 결점은 지극히 사소하게 느껴지고 오히려 호감을 갖게 된다.

 가느다란 주삿바늘 끝에는 미세한 구멍이 뚫려 있다. 과연 어떻게 뚫은 것일까?

주삿바늘에는 지름 0.5~1밀리미터의 구멍이 뚫려 있다. 이것은 드릴로 뚫은 것이 아니라 판형 스테인리스를 대롱 모양으로 말아서 만든 것이다. 그런데 스테인리스 그 자체를 말면 지름이 무려 4밀리미터나 되어 주삿바늘로 쓸 수 없다. 이때 '다이아몬드 다이스(diamond dies)'라는 도구가 사용된다. 이것은 한가운데 구멍이 뚫린 도넛 모양의 다이아몬드로, 이 구멍에 대롱으로 대롱처럼 만 스테인리스를 통과시켜 바늘의 크기를 조금씩 좁혀간다. 포인트는 다이스의 구멍을 차츰 작게 만들어 통과시키는 것. 급하게 좁은 구멍을 통과시키려다가는 스테인리스가 망가질 수 있다. 이러한 작업을 30~50회나 반복하여 끝을 뾰족하게 만들면 비로소 하나의 주삿바늘이 완성된다.

Q 삼각자에는 한복판에 왜 구멍이 있을까?

삼각자 중앙에 있는 구멍에는 중요한 용도가 있다.

첫째, 공기를 빼기 위해서다. 자를 종이 위에 놓을 때 구멍으로 공기가 빠져나가서 자와 종이가 들러붙지 않고 구멍 덕에 마찰이 줄어서

삼각자

종이 위에서 자를 움직이기 쉽다. 자를 들어 올릴 때도 이 구멍에 손가락을 걸면 훨씬 수월하다.

둘째, 자의 변형을 막기 위해서다. 플라스틱은 무더운 여름에 약간 늘어나고 겨울에는 줄어드는 성질이 있다. 이 구멍은 신축을 조절하는 역할을 한다.

셋째, 구멍이 둥글게 생긴 것은 강도 때문이다. 삼각형이나 사각형 등 각이 있는 구멍이면 그곳에서부터 금이 가기 쉽지만 원형이

면 강도가 일정하게 유지된다.

 세상에서 가장 단단한 물질인 다이아몬드. 무엇으로 모양을 세공할까?

지구상에서 가장 단단한 물질, 다이아몬드. 이 단단함을 이용해서 다른 딱딱한 물질을 다듬고 연마하는 데 쓰이는데, 그런 다이아몬드는 무엇으로 다듬을까? 세상에서 가장 단단한 물질을 연마할 때는 역시나 세상에서 가장 단단한 물질을 쓰는 수밖에 없다. 다이아몬드는 다이아몬드로 다듬는다. 우선 세밀한 다이아몬드 가루를 턴테이블(turntable)에 부착한다. 그런 뒤 턴테이블을 고속으로 회전시켜 다이아몬드의 표면을 다듬는다. 이때 깎이는 다이아몬드에서 또 미세한 가루가 나오는데, 이것은 다른 다이아몬드 연마용으로 사용된다.

 폭죽 소리도 연출이 가능하다?

폭죽의 품질은 크기, 형태, 색, 그리고 소리로 정해진다. 아무리 크고 아름다운 불꽃이라도 보는 이를 전율케 할 정도의 "쾅!" 소리가 나지 않으면 터뜨리는 맛이 나지 않는다. 이것이 단순한 폭발음이라고 생각하면 큰 오산이다. 사실 불꽃 속에는 발음제(發音劑)가 들어 있다. 이 발음제는 알루미늄이나 삼유화안티몬이라는 화학물질을 원료로 하여 만든다. 이들의 배합 비율을 적절히 조절하여 "펑!" "피리~" "쿵!" 같은 다양한 소리를 연출하는 것이다. 이와 관련된 연구가 많이 진전되어 이제는 도레미 음을 내는 폭죽까지 등장했다.

 물과 기름은 정말 '물과 기름'과 같은 사이일까?

'물과 기름'은 결코 함께할 수 없는 사이를 비유할 때 쓰이는 말이다. 그런데 과학기술을 이용하면 물과 기름은 그리 어렵지 않게 섞을 수 있다. 수조 바닥의 물을 1초에 수만 번 이상 진동시켜 초음파를 일으키면 물은 엄청난 기세로 떨리는데 이때 기름을 떨어뜨리면 물과 기름이 분자 수준까지 잘게 쪼개져 한데 뒤섞이고 결국 하나의 액체로 변한다. 안경 세척에 쓰는 초음파 세정기는 이 원리를 이용한 것이다. 시계나 카메라 등의 세밀한 부품에서 때를 제거할 때도 마찬가지다.

 유통기한이 지난 담배를 피워도 될까? 유통기한이 지나면 뭐가 달라질까?

담뱃갑에는 유통기한이 적혀 있는데, 담배도 음식처럼 상하거나 변질하는 것일까? 담배의 유통기한은 보통 1개월 단위로 설정되어 있으며 보통 담배는 10개월, 멘솔 담배의 경우 7개월 정도다. 유통기한이 지난 담배는 잎에 섞어놓은 향료가 표면으로 배어 나와 맛

이 다소 강해진다. 멘솔계 담배의 유통기한이 더 짧은 것도 이 때문
이다. 이렇듯 맛과 향이 달라지긴 해도 담배를 피우는 데는 별 문제
가 없다.

 화장실 냄새를 가장 쉽게 제거하는 방법은?

화장실에서 볼일을 보고 난 후 냄새가 신경 쓰인다면? 그럴 때는
성냥 한 개비를 태워보자. 그것만으로도 놀랄 만큼 빠르게 냄새가
사라진다. 원리는 아주 간단하다. 성냥 속의 인 성분이 가스를 태워
탈취 효과를 발휘하는 것이다.

 휘발유를 넣는 자동차는 오전에 주유하라!

휘발유는 온도가 높으면 용적이 커지고 온도가 낮으면 용적이 작아
지는 성질을 갖고 있다. 그러므로 온도가 높은 한낮보다 오전 중에
주유하면 더 많은 기름을 넣을 수 있다. 대부분의 영업용 차량이 아
침 일찍 주유하는 것도 이러한 계산 때문이다.

 **모기가 내 팔에 앉아 피를 빨아먹고 있는 모습을 봤다면 그냥
두는 게 낫다?**

모기에 물려도 가렵지 않게 하는 방법이 있다. 피부에 붙은 모기를
보고 당황하지 말고 충분히 피를 빨아먹게 하는 것이다. 다소 괴상

하게 들릴지 모르지만 그럴 만한 과학적 근거가 있다. 모기가 사람의 피를 빨아먹을 때, 가장 먼저 주둥이를 통해 침(타액)을 흘려보낸다. 이것이 혈액과 섞이면 모기가 피를 빠는 동안 혈액이 응고되는 것을 막아준다. 그런데 바로 이 침이 가려움증을 유발한다. 이때 모기가 충분히 피를 빨아먹으면 곧 피와 함께 침까지 다시 빨아들인다. 가려움증을 유발하는 침도 같이 빨아내 별로 가렵게 느껴지지 않게 되는 것이다.

Q 뜨거운 사막에서 수박을 차게 식히는 기발한 방법은?

수박을 얇게 썰어 조금만 바람을 쏘이면 금세 시원해진다. 어떻게 이런 일이 가능할까? 한낮의 기온이 50도까지 오르고 습도는 평균 4~5퍼센트인 사막에서는 수박 속 수분이 아주 조금 증발해도 주변 기온이 크게 떨어진다. 손에 알코올을 발랐을 때 증발하면서 나오는 기화열로 손이 차갑게 느껴지는 것과 마찬가지 원리다.

Q 거짓말 탐지기는 거짓말을 어느 정도까지 간파할까?

범죄 수사에 사용되는 거짓말 탐지기의 원리는 다음과 같다. 사람은 거짓말을 할 때 본능적으로 긴장한다. 그러면 교감신경 작용이 활발해져서 호흡이 가빠지고 혈압이 오르고 필요 이상으로 손발에서 땀이 난다. 여러 증상 중에서도 땀이 나는 것은 여간해서는 속이기 어렵다. 이 점을 이용해 피험자의 몸에 약한 전류를 흘려내고 전기저항이 떨어지는지를 지켜보는 것이다. 손에 땀이 나서 전기저항이 떨어지면 거짓말을 하고 있을 확률이 높다. 하지만 긴장할 때 땀을 흘리는 정도는 개인차가 크고, 장소에 따라서도 달라질 수 있다. 더구나 범죄자 중에는 사람을 죽이고도 태연히 거짓말을 하거나 전혀 긴장하지 않는 사람도 있기 때문에 범죄 수사에서는 물적 증거가 가장 중요하다.

 극약과 독약은 뭐가 다를까? 어느 것이 더 치명적일까?

독성 있는 약을 실험용 쥐에 투여했을 때 전체 쥐의 절반이 죽으면 '치사량 50퍼센트'라고 한다. 이 숫자가 극약과 독약을 가르는 기준이다. 극약은 체중 1킬로그램당 20밀리그램 이하를 투여했을 때 쥐의 절반 이상이 죽는 약이다. 즉 50퍼센트 치사량이 체중 1킬로그램당 20밀리그램 이하인 것이다. 한편 독약은 50퍼센트 치사량이 체중 1킬로그램당 20밀리그램 이하인 약이다. 독약의 독성이 극약보다 훨씬 세다.

 사막과 사구, 어떤 기준으로 구분할까?

단순히 넓으면 사막, 좁으면 사구일까? 그런데 사막이라고 하면 끝도 없이 펼쳐진 모래밭을 상상하겠지만, 사막이 꼭 모래의 바다인 것은 아니다. 세계에서 가장 넓은 사하라 사막에도 모래만 있는 지역은 오히려 얼마 안 된다. 다카르 랠리(Dakar Rally) 같은 자동차 경주가 열리고 차와 바이크가 달릴 수 있을 정도로 모래가 적은 땅이 더 많다. 사막에는 암석이 굴러다니는 '자갈 사막'도 있고 그저 황무지처럼 보이는 '흙 사막'도 있다. 사막이란 모래가 많은 곳이 아니라 비가 적어 건조하고 광활한 황무지를 총칭하는 말이다. 그래서 그린란드나 남극대륙에도 '빙설 사막'이나 '한랭 사막'이라 불리는 곳이 있다. 타클라마칸(Taklamakan)처럼 순전히 모래로만 되어 있는 곳은 엄밀히 말하면 '모래 사막'이다. 한편 사구는 글자 그대로 모래로 이루어진 언덕이다. 오랜 시간 바람에 실려온 모래가 쌓여 언덕 모양을 이룬 것으로 크다고 해도 수십 킬로미터에 불과하다.

 일본 영화에서 닌자는 땅바닥에 귀를 대고 발소리를 듣곤 한다. 과학적으로 가능한 일일까?

사람이 듣는 소리는 공기를 타고 전해진다. 그런데 소리를 전하는 물질은 땅이든 물이든 금속이든 상관없다. 따라서 닌자들처럼 땅바닥에 귀를 대면 발소리의 울림이

일본의 닌자

정말 들릴 수도 있다. 공기를 타고 오는 소리의 속도(0도 기준)는 초속 330미터다. 흙(점토질)에서는 초속 1,660미터로 전달된다. 흙의 전달 속도가 공기보다 다섯 배나 빠르다. 참고로 소리를 감지하기 위해 땅바닥에 귀를 대는 방법은 일본의 닌자뿐만 아니라 미국 인디언들도 흔히 사용했다고 한다.

 죽순과 대나무, 어떻게 구분해야 할까?

죽순은 한마디로 대나무의 어린 싹이다. 대나무는 대지에 싹을 내민 지 한 달쯤 지나면 딱딱한 줄기가 되어버려 통째로 먹을 수 없다. 따라서 이때 지상 30센티미터가 죽순을 먹을 수 있느냐 없느냐를 결정짓는 경계가 된다. 그 이상 자라면 죽순이라기보다 어린 대나무라고 봐야 한다.

 예수 그리스도의 생일은 크리스마스가 아니다. 그러면 언제 태어났을까?

12월 25일, 크리스마스는 예수의 탄생일이다. 그런데 이것은 후세에 만들어진 날로, 예수 사후 얼마간은 1월에 예수 탄신을 기렸고, 3월 혹은 10월에 축하한 적도 있었다. 12월 25일로 통일된 것은 그리스도 사후 무려 3세기가 더 지난 4세기 중반부터의 일이다. 그럼 예수는 몇 월에 태어났을까? 영국의 천문학자 비도 휴즈 박사에 따르면 예수는 10월에 태어났다고 한다. 그의 추측 근거는 성경인데, 예수가 태어날 때 큰 별이 나타났다는 기록이 목성과 토성이 접근했던 시기일 것으로 추정, 궤도를 계산해 정확한 날짜를 산출한 것이다. 한편 독일의 게페우스 박사는 예수가 8월에 태어났다고 주장한다. 이는 성서 속 큰 별의 출현이 혜성의 등장이라는 것에 근거하고 있다.

 금발 미녀로 알려진 미국 배우 마릴린 먼로의 머리카락은 금발이 아니었다. 그 사실은 눈동자로 알 수 있다?

마릴린 먼로는 아름다운 금발로 유명한데, 실제의 머리 색상은 갈색이었다고 한다. 할리우드에서 금발이 인기 있다 보니 섹시한 금발로 염색한 것이다. 그래도 원래 머리카락색이 갈색이었다는 것은 갈색 눈을 봐도 알 수 있다. 눈동자가 갈색인 사람은 머리카락도 갈색이다. 눈동자 색을 결정하는 것은 동공 주위의 홍채인데, 홍채 색은 사람마다 타고나는 멜라닌 색소의 양에 따라 정해진다. 멜라닌 색소는 머리카락이나 피부에도 똑같이 작용한다. 따라서 눈동자와 머리카락은 같은 색일 수밖에 없다.

 사람의 온몸에 금가루를 칠하면 죽을 수 있다?

영화 '007시리즈' 중 〈골드핑거〉 편을 보면 온몸에 금가루를 바른 여성이 질식사하는 장면이 나온다. 금가루 때문에 피부가 호흡하

지 못해서 죽어버린다는 것
인데, 정말 이런 식으로 사
람이 죽을 수 있을까? 사람
은 주로 코와 입으로 호흡하
며 피부 호흡이 차지하는 비
율은 1퍼센트 이하다. 그러

영화 〈골드핑거〉의 촬영 장면

니 몸에 금가루를 칠한다고 죽을 리가 없다. 그런데 금가루가 온몸
의 모공을 막아서 발한 기능이 마비되면 체온 조절을 하지 못해 사
망에 이를 수는 있다.

 엘리베이터 옆에는 거울을 비치하는 것은 심리적 효과를 노린
것이다?

고층건물에 설치된 엘리베이터 근처에는 꼭 거울이 있다. 무슨 특
별한 이유가 있을까? 사건의 발단은 미국의 한 고층건물. 이 빌딩
은 엘리베이터가 낡아서 대기 시간이 너무 길다는 불평이 끊이지
않았다. 그렇다고 엘리베이터를 교체하자니 경비가 만만치 않았
다. 민원을 해결할 방법을 궁리한 끝에 나온 아이디어가 거울이었
다. 엘리베이터 옆에 거울을 두면 기다리는 사람은 몸단장하느라
대기 시간이 길다고 느끼지 못할 것이라는 심리 작전이었다. 이 작
전이 멋지게 적중해서 그때부터 엘리베이터에 대한 불평은 급감했

다. 그 후 엘리베이터 근처에 거울을 두는 곳이 늘어났다.

 지푸라기 집, 나무집, 벽돌집은 어느 정도 바람에 날아갈까?

《아기돼지 삼형제》라는 동화에는 세 가지 재료로 지은 집이 나온다. 동화의 내용이 얼마나 신빙성이 있는지 실험을 해봤다. 이 집을 짓고 안에 돼지를 넣은 후 풍속 몇 미터 이상일 때 집이 날아가는지 측정을 한 것이다. 그 결과 지푸라기로 엮은 집은 풍속 11미터로 날아가 버렸다. 나무집은 풍속 21미터까지 버텼다. 마지막으로 벽돌집은 풍속 35미터에도 끄떡하지 않았다. 대신 실험 진행요원이 강풍을 견디지 못해 실험을 중단했다고 한다.

 혼자 밥을 먹으면 왠지 맛이 없다. 그 이유는?

아무리 산해진미라도 혼자 먹으면 맛없게 느껴지는 것은 이유가 있다. 어떤 사람이 이런 실험을 했다. 먼저 배고픈 닭을 닭장에 넣어두고 모이를 듬뿍 주었다. 배를 채운 닭은 이윽고 꾸벅꾸벅 졸기 시작한다. 이때 배고픈 닭 한 마리를 더 집어넣는다. 새로 들어온 닭은 앞의 닭이 먹다 남긴 모이를 허겁지겁 쪼아 먹는다. 그러자 그때까지 졸고 있던 배부른 닭도 이에 질세라 모이를 쪼기 시작한다. 이 실험에서 발견된 재미있는 사실은 배부른 닭이 배고픈 닭보다 적으면 배부른 닭은 배고픈 닭에 휩쓸려 같이 모이를 먹는다는 것이다.

반대로 배부른 닭이 한 마리라도 더 많으면 배부른 닭은 모이를 먹으려 하지 않았다. 사람의 경우도 마찬가지다. 주변 사람들이 맛있게 먹고 있으면 자기도 모르게 계속 먹는다. 여러 사람이 함께 먹으면 밥맛이 더 좋아져서다.

 연애 중인 요리사가 만든 수프는 맛이 없다는 격언은 사실이다. 왜일까?

서양에는 '한창 열애 중인 요리사가 만든 수프를 먹지 말라'는 격언이 있다. 사랑에 빠진 요리사의 수프는 원래보다 더 짜기 때문이다. 달콤한 연애 중이니 더 달달해져야 하지 않을까 싶은데, 왜 짠 수프가 되는 걸까? 연애 중이라 기쁜 감정에 빠져 있으면 중추신경이 자극을 받아 호르몬의 균형이 깨지기 쉽다. 그래서 요리사의 미각을 담당하는 신경이 마비되고 자꾸 소금을 더 넣게 되는 것이다.

4

애완동물부터 희귀동물까지,
생물 상식

동물은 정말 유쾌한 친구다.
질문도 비판도 하지 않는.

– 조지 앨리엇(George Eliot), 소설가

동물이 살아가는 데 반드시 섭취해야 하는 식이섬유. 그런데 풀을 먹지 않는 육식동물은 식이섬유를 어떻게 섭취할까?

동물의 왕, 사자는 육식동물이다. 당연히 사자는 풀을 먹지 않는데, 과연 식이섬유를 섭취하지 않아도 괜찮을까? 육식만 하는 사자의 위는 식물을 소화하지 못한다. 식물을 직접 먹어도 식이섬유를 섭취할 수 없다. 하지만 사자도 영양 균형을 위해 어느 정도의 식이섬유가 필요하다. 그래서 초식동물을 잡아먹으면서 그 위장 안에 남아 있는 풀을 간접적으로 먹는다. 실제로 사냥감을 쓰러뜨린 후 가장 먼저 먹는 것이 포획물의 내장이다.

 사자는 큰 포효 소리를 어떻게 내는 걸까?

동물의 왕 사자는 그 모습도 대단하지만 포효 소리 또한 엄청나다. 뱃속 깊은 곳에서 울려 나오는 소리를 들으면 어떤 동물이든 도망치고 말 것이다. 그런데 그 무시무시한 소리가 꼭 큰 덩치에서 나는 것은 아니다. 우선은 혀 때문이다. 사자와 같은 고양잇과 대형 동물에는 혀에도 '설골(hyoid bone)'이라는 뼈 덕분에 우렁찬 소리를 낼 수 있다. 또 하나는 볼 때문이다. 사자는 입을 오므리고 볼을 부풀려서 울음소리를 낸다. 이렇게 하면 볼이 공명 주머니가 되어 마치 땅속에서 끓어오르는 듯한 사자 특유의 울음소리가 나온다.

하마는 왜 자꾸 하품을 할까? 지루해서일까?

가장 느긋해 보이는 동물 가운데 하나인 하마. 동물원이나 텔레비전에서 하마가 입을 쩍 벌리고 하품하는 모습을 보면 그저 태평스럽게 보인다. 그런데 하마의 하품은 사실 하품이 아니다. 하마는 입속에 거대한 송곳니를 갖고 있어서 악어마저도 겁을 낼 정도로 위력적이다. 하마는 입을 크게 벌려 송곳니를 드러내서 상대방을 위협하는 것이다. 자기 영역에 누가 침범했거나 암컷을 두고 수컷끼리 다툴 때 하마는 크게 입을 벌린다.

 자주 몸 색깔을 바꾸는 카멜레온은 원래 몸이 무슨 색일까?

카멜레온은 주위 상황에 따라 몸의 색을 수시로 바꾸는 신기한 동물이다. 그런데 몸 전체의 색을 바꾸는 것은 카멜레온이 의도하는 바가 아니다. 사소한 기온 변화나 빛의 강도 등 외적인 환경에 의해 자연스럽게 몸 색깔이 변하기 때문이다. 사람의 얼굴빛이 붉어지거나 창백해지는 것과 마찬가지로 자기 의지대로 조절할 수 없다. 또한 아무리 변장의 명수 카멜레온이라도 모든 색으로 다 변신할 수 있는 것은 아니다. 본래 주위 배경에 맞춰 색깔을 바꾸기 때문에 녹색, 노란색, 갈색 계통으로 변할 수 있으면 그것으로 충분하다. 그렇다면 카멜레온의 원래 색깔은 무엇일까? 명확히 알 수 없지만, 기본적으로 녹색으로 지내는 시간이 가장 긴데 정글에서 오래 생활한 결과라서 원래의 피부색이라고 하기도 모호하다.

 사막에 사는 낙타에게 혹은 필수다. 그런데 낙타 새끼에게는 혹이 없다?

사자의 갈기, 사슴의 뿔처럼 동물이 성체가 되면서 새롭게 자라나는 부위가 있다. 이것은 사막의 낙타도 마찬가지다. 낙타는 날 때부터 등에 혹이 있는 것이 아니

어미 낙타와 새끼

다. 새끼 때는 혹이 없다가 차츰 성장하면서 생겨나고 점점 커진다. 그도 그럴 것이 낙타 새끼는 어미젖을 먹고 살기 때문에 혹이 필요 없다. 낙타의 혹은 지방질로 되어 있어서 이 안에 비축해둔 지방 덕에 혹독한 사막 여행도 가능한데 어미의 젖을 먹는 새끼 낙타는 지방을 비축할 이유가 없다. 새끼 낙타의 등을 만져보면 피부가 조금 처져 있는데 이것은 나중에 지방을 비축하는 주머니며 이것이 점점 자라서 혹이 된다.

 악어의 콧구멍은 꽤 크다. 그런데 물이 들어가지 않는다?

결론부터 말하면 악어의 코는 완벽히 방수 처리가 되어 있다. 콧속

에 밸브 역할을 하는 근육이 있고 이것이 물이 들어오는 것을 막아준다. 그리고 목구멍에도 밸브 모양의 주름이 많이 있어 입을 크게 벌려도 물이 들어가지 않는다. 악어는 물을 마시러 물가에 온 동물을 물속으로 끌어들여 질식사시킨다. 사실 악어가 땅 위로 올라오는 일은 지극히 드물고 먹이를 사냥할 때조차 물 밖으로 나오지 않는다. 이런 습성도 다 완벽 방수 처리된 몸의 구조 덕분이다.

 북극곰도 겨울잠을 잘까?

북극곰은 이름 그대로 북극을 중심으로 한 극한지대에 서식한다. 그래서 북극곰은 방한 대책을 확실히 갖추고 있다. 우선 북극곰의 털은 이중으로 되어 있는데, 윗털 밑에 짧은 밑털이 빼곡히 나 있어 찬바람이나 물로부터 몸을 보호해준다. 방한 대책이 든든하다 보니 북극곰은 동면이라는 형태로 추위를 피할 필요가 없다. 그러나 북극곰이 전혀 겨울잠을 자지 않는 것은 아니다. 북극권 중에도 식량이 풍부한 지역과 그렇지 못한 곳이 있다. 식량이 부족한 곳에서는 활동량을 최소한으로 줄이기 위해 동면을 한다. 한편 식량이 풍부한 지역에 사는 북극곰은 풀, 이끼까지 먹을 수 있는 잡식 성향을 최대한 발휘하여 극한기에도 먹이를 찾아 돌아다닌다.

Q 소는 풀만 먹는데 어째서 살이 찔까?

인간은 채소나 과일 외에도 고기, 생선을 먹어서 영양분을 골고루 섭취한다. 동물성 단백질은 근육이나 피를 만드는 데 중요한 역할을 한다. 그런데 소나 말, 코끼리 같은 초식동물은 풀만 먹고 사는데 어떻게 그렇게 살이 찌고 덩치가 큰 몸을 유지할까? 초식동물의 소화기관에는 수십 종의 미생물이 1제곱센티미터당 100만여 마리나 살고 있다. 그것들이 음식물을 분해하여 식물로부터 효과적으로 단백질을 빼낸다. 초식동물은 그 미생물을 단백질원으로 소화, 흡수한다. 인간의 경우 이런 미생물이 몸속에 없이 식물에서 단백질을 얻지 못하고 동물성 식품을 통해 단백질을 얻어야 한다.

Q 기린은 길쭉한 목 덕분에 험한 아프리카에서 살아남았다?

기린은 분류학상, 소에 가깝고 기린의 선조에 해당하는 동물은 원래 목이 별로 길지 않았다. 그런데 아프리카의 사바나 지역에서 키가 큰 나무의 잎을 먹으며 살았고 수백 대를 거쳐 오며 차츰 긴 목을 갖게 되었다는 것이 통설이다. 또한 초식동물인 기린이 약육강식의 아프리카에서 살아남은 것도 이 긴 목 덕분이다. 천적인 육식동물의 공격을 피해 몸을 지키기 위해 긴 목을 이용해서 접근해 오는 적을 조금이라도 빨리 발견하는 것이 도움이 되었다. 기린은 다른 어떤 동물보다 신속하게 적을 발견하고 긴 다리로 재빨리 도망

친다. 이것이 기린이 오랜 세월 멸종하지 않고 살아남을 수 있었던
비결이다.

 코끼리의 큰 귀는 생존을 위해 여러 역할을 한다?

코끼리의 귀는 둘레가 3미터를 넘고 길이는 약 1미터나 된다. 큰 귀
는 세 가지 역할을 한다.

첫째, 집음기로서의 역할. 커다란 귀가 접시형 안테나를 대신해
활약한다.

둘째, 라디에이터 역할이다. 코끼리의 귀에는 무수한 혈관이 지
나간다. 귀를 펄럭여 더워진 열을 식히고, 그렇게 식은 피는 다시
몸으로 돌아가 체온 상승을 방지한다.

셋째, 적을 위협하는 무기가 된다. 다른 동물이 공격해 올 때 귀
를 활짝 펴고 맞서는 것이다. 코끼리가 둘레가 3미터나 되는 귀를
날개처럼 펄럭이며 달려든다고 생각해보라. 상당한 위협적인 모습
에 동물의 왕인 사자라도 일단 달아나고 말 것이다.

 **코끼리 방귀 소리는 지진에 비유될 정도다. 도대체 얼마나 소
리가 크길래?**

동물원에서 코끼리 방귀 소리를 들어본 사람은 별로 없을 것이다.
그럼 코끼리는 방귀를 뀌지 않을까? 그렇진 않다. 초식동물인 코끼

리는 배 속에서 먹이가 발효되지 않으면 소화시키지 못한다. 그래서 배 속에 늘 가스가 가득 차 있고 사실 하루 종일 방귀를 뀐다. 낮동안 동물원에서 만나는 코끼리는 대개 서 있다. 그럴 때는 항문의 주름이 느슨해져서 방귀를 뀌어도 큰 소리가 나지 않는다. 반대로 누워 있을 때는 항문이 조여 있고 배가 압박을 받아 상당히 요란한 소리가 난다. 신참 사육사는 이 소리를 처음 듣고 지진이 난 줄 착각하기도 할 만큼 엄청난 소리다.

소심하고 약한 토끼의 가장 강력한 무기는 귀?

산과 들에 사는 토끼는 가장 나약하고 소심한 동물 중 하나다. 적과 맞서 싸울 무기도 없고 여우, 너구리, 독수리 등이 덮쳐오면 살아남을 가능성이 별로 없다. 납작 엎드려 숨는 미덥지 못한 방어책밖에 없다. 그렇다 보니 적의 동향을 민감하게 알아채야 한다. 적이 다가오면 곧장 몸을 숨기고 다른 동물이 뛴다 싶으면 같이 뛰어 도망간다. 결국 토끼가 목숨을 부지하는 방법은 얼마나 빨리 위험을 감지하느냐에 달려 있다. 토끼의 귀는 적의 위협을 빨리 알아차리기 위해 길쭉한 것이다. 또 적의 위협을 피해 죽어라 도망칠 때 긴 귀로 열을 내보내어 체온 상승을 방지한다. 그 덕분에 여우나 매에게 쫓길 때도 지치지 않고 달릴 수 있다.

뱀은 왜 피리 소리에 맞추어 춤을 출까?

뱀 부리는 사람은 피리를 불어 뱀을 춤추게 한다. 그런데 뱀은 귀가 없어 그 소리에 맞추어 춤추지 못한다. 사실 그런 행동은 지면의 진동에 반응하는 것으로 마치 춤추는 듯 보일 뿐이다. 뱀은 눈 뒤에서 위턱에 걸쳐 있는 작은 뼈로 지면의 진동을 민감하게 감지한다. 뱀 부리는 사람의 동작을 주의 깊게 살펴보면 피리를 불면서 동시에 발을 움직여 리듬을 맞추거나 뱀이 들어 있는 바구니를 툭툭 두드린다. 뱀은 그 진동을 느끼고 머리를 곤두세워 상대를 위협한다. 이 모습이 매끄러운 동작으로 이어지다 보니 구경꾼들에게 뱀이 피리 소리에 맞추는 것처럼 보일 뿐이다.

 껑충껑충 잘 뛰는 캥거루는 뒷걸음질을 칠 줄 모른다?

사람은 물론 개나 고양이도 위협을 느끼면 저도 모르게 뒷걸음질 친다. 그래서 어떤 동물이든 뒤로 움직일 수 있다고 생각하기 쉽지만 예외가 있다. 오스트레일리아 대륙에서 껑충껑충 뛰어다니는 캥거루인데, 땅을 박차고 힘차게 뛰어오르는 캥거루는 재주꾼처럼 보이지만 사실 뒤로는 뛰지 못한다. 그래서 오스트레일리아 해군은 캥거루를 심볼로 삼았다. 적에게서 뒷걸음질 치는 일은 있을 수 없다는 의지의 표현이다. 캥거루처럼 뒷걸음질을 못 치는 생물이 또 하나 있다. 지렁이도 뒤로는 못 간다. 그렇다고 지렁이를 상징으로 삼는 군대는 없겠지만……..

 말의 키를 특별히 부르는 말이 있다?

말의 키는 '신장(身長)'이라 하지 않고 '체고(體高)'라 부르며, 지면에서 어깨의 가장 높은 부위까지 잰다. 그래서 긴 목부터 시작해 그 위쪽 부분은 키에 포함되지 않는다. 그렇다 보니 인간의 키와 말의 체고가 거의 비슷해진다. 그런데 머리는 왜 키에 포함하지 않을까? 아마 특정하기 쉽지 않아서일 것이다. 인간보다 훨씬 높고 가만히 고정하기 힘든 말의 머리 높이를 정확히 재는 것은 현실적으로 번거롭고 어렵다. 그래서 어깨까지만 측정하는 것이다.

 경주마 사라브레드의 주된 사망 원인은 위궤양?

일본중앙경마회 경주마종합연구소가 사망한 경주마 사라브레드(Thorough-bred) 71마리를 해부해본 결과, 무려 51마리가 위궤양을 앓았음이 판명되었다. 조사해보니 가장 큰 원인은 스트레스였다. 원래 말은 드넓은 초원을 자유로이 뛰어다니며 사는 동물인데 경주마는 마구간에 갇혀 살고 엄격한 훈련을 받아야 한다. 게다가 경주할 때는 이겨야 한다는 압박감을 받으며 늘 전력 질주한다. 또 사라브레드의 먹이는 하루 7천 킬로칼로리나 되는 고단백질 음식이다. 위궤양에 걸리기 위한 식생활이나 마찬가지다.

육식동물과 초식동물은 눈 위치가 전혀 다르다?

어떤 동물이든 눈은 코 위에 있다. 그런데 눈의 위치가 동물별로 꽤 다르다. 사자나 표범 같은 육식동물은 두 눈의 거리가 가깝고 눈이 얼굴의 정면에 있는 데 반해 기린, 얼룩말 같은 초식동물은 두 눈 사이가 멀고 눈이 얼굴의 옆면에 붙어 있다. 여기에는 그럴 만한 이유가 있다. 육식동물은 사냥하는 입장이므로 자기가 위협받을 일은 별로 없다. 사냥감에 눈을 고정하면 되기 때문에 눈이 정면을 향해 있다. 반대로 초식동물은 육식동물로부터 늘 위협을 받는 입장이라서 항상 주변을 신경 써야 한다. 앞쪽만 보다가는 측면에서 오는 적을 피할 수 없다. 그래서 눈이 옆에 붙어 있다.

 공룡은 등에 체온 조절용 돛을 달고 살았다?

공룡 중에는 등에 돛 같은 것이 있는 종이 많다. 페름기(2억7천만 년 ~2억3천만 년 전) 초기에 살았던 디메트로돈의 경우, 마치 등에 부채를 펼친 듯 커다란 '돛'을 지니고 있었다. 디메트로돈을 포함해 여러 공룡의 등에 있던 돛은 날씨가 추울 때 태양열을 모아 체온을 올리고 체온이 너무 오르면 펄럭여 열을 내보냄으로써 체온을 낮추는 기능을 했다. 공룡은 그 돛을 사용해 체온 조절을 한 것이다.

Q 고사성어처럼 개와 원숭이는 정말 사이가 나쁠까?

'견원지간(犬猿之間)'이라는 말이 있듯 개와 원숭이는 사이가 좋지 않다고 알려져 있는 데 정말로 그럴까? 옛날에는 꽤 사이가 나빴을 거라 추측할 수 있다. 개는 본래 육식동물이다. 예전에는 사냥에 개가 동반하는 일이 많았고, 들개가 닭 등의 가축을 잡아먹는 일도 종종 있었다. 늑대의 친척이니 당연한 일이다. 하지만 아무리 들개라 해도 자기보다 덩치가 큰 소나 말을 덮칠 수는 없다. 하지만 원숭이 정도라면 덮쳐볼 수 있다. 실제로 옛날에는 들개, 늑대가 원숭이의 천적이었다.

Q 말의 눈을 피하기란 거의 불가능하다?

말의 눈은 얼굴 양옆에 붙어 있다. 사람으로 치면 귀 부근에 눈이 있는 것이다. 게다가 말의 눈은 육상 포유류 중 가장 크다. 그런 만큼 말의 시야는 매우 넓어 무려 350도나 된다. 즉 머리 바로 뒤 말고는 항상 볼 수 있다. 말은 덩치에 비해 겁이 많고 소심해서 늘 육식동물에게 쫓기며 살아왔다. 그래서 적으로부터 몸을 지키기 위해 공격력을 기르기보다 적을 발견하고 달아나는 능력을 키워왔다. 말의 눈이 커다랗고 또 발이 빠른 것은 그 때문이다.

Q 당나귀와 노새, 비슷한 두 동물은 어떻게 구분할까?

생김새가 비슷한 당나귀와 노새. 하지만 특징이나 성질은 꽤 다르다. 우선 노새는 당나귀보다 몸집이 크다. 그만큼 힘이 세고 성격도 드세다. 또 피부가 튼튼해서 웬만한 비바람이나 뜨거운 햇볕에도 끄떡없다. 더운 지역, 고원지대의 짐 운반에 노새가 동원되는 것은 이 때문이다. 한편 당나귀의 장점은 튼튼하다는 것이다. 노새보다 덩치는 작지만 물 없이도 오래 걸을 수 있고 거친 먹이를 주어도 여간해서 병치레를 하지 않는다. 다만 노새보다 민첩성은 떨어진다. 그리고 당나귀는 새끼를 낳아 번식할 수 있다. 그런 점에서 아무래도 노새는 당나귀만 못 하다. 노새는 당나귀와 말 사이에서 태어난 1대 잡종으로 새끼를 낳지 못한다.

Q 대머리독수리는 왜 대머리일까?

대머리독수리는 왜 머리가 벗겨졌을까? 이 사실을 파헤치는 데 처음으로 도전한 사람은 진화론의 창시자 찰스 다윈이었다. 다윈은 그 원인을 감염을 방지하기 위해서라고 추정했다. 그의 주장에 따르면 대머리독수리는 동물의 사체에 머리를 박고 살과 내장을 쪼아먹는데, 이때 머리에 깃털이 있으면 피나 고기가 들러붙어 세균이 번식할 수 있다. 그런 일을 방지하기 위해 머리가 벗겨졌다는 것이다. 또한 두피에 직접 태양광선을 쪼이면 소독 효과도 있다고 보았다. 하지만 다윈의 주장에 반대한 학자도 많았다. 최근 가장 유력한 설은 체온조절을 위해서 머리가 벗겨졌다는 학설이다. 대머리독수리의 벗겨진 머리 부분에는 혈관이 집중되어 있어 몸속을 돌던 피가 여기서 열을 방출하고, 그렇게 식은 피는 다시 몸을 돌며 체온 상승을 막아준다는 것이다.

대머리 독수리

 타조는 위급 상황에서 왜 모래 속에 머리를 처박을까?

타조는 적이 가까이 다가오면 모래 속에 머리를 박는다. 땅으로 전해져오는 소리를 듣고 주변 상황을 살피는 것이다. 이런 행동을 통해 타조는 정확하게 상황 판단을 하기 위한 정보를 수집한다. 그런데 이 독특한 자세 때문에 타조는 황당한 오해를 받고 있다. 영어 단어 'ostrich(타조)'에는 비아냥거리는 뉘앙스가 담겨 있다. 모래에 얼굴을 박는 자세가 마치 두려움에 얼굴을 숨기는 것으로 보여서 바보 같은 새라고 여겨지는 것이다. 이런 주장은 고대 아랍인들 사이에서 비롯되었지만 실제로 타조는 그렇게 어리석지 않다.

남극의 펭귄을 북극에 데려다놓으면 어떻게 될까?

결론부터 말하자면 펭귄은 남극에 있을 때와 마찬가지로 태평스럽게 생활할 가능성이 높다. 남극 같은 극한지대에서 생활하는 펭귄은 또 다른 극한지대인 북극에 데려다놓아도 별 어려움 없이 지낼 것이다. 그렇다면 왜 펭귄은 남반구에서만 살까? 동물원 이외에 북반구에는 단 한 마리의 펭귄도 존재하지 않는다. 사실 그 이유는 아직 밝혀지지 않았다. 동물학자들도 펭귄이 남반구에서 생겨났고 적도를 넘어 이동하지 않았기 때문이라는 것 외에 별다른 대답을 내놓지 못하고 있다.

 높은 하늘을 나는 새는 산소 결핍에 시달리지 않을까?

알프스 꼭대기 부근에서도 작은 새들이 명랑하게 지저귄다. 큰 새는 보다 높은 곳까지도 날아오르고 심지어 히말라야 산맥을 넘는 새도 있다. 두 산 모두 인간이라면 고산병을 일으키기 십상일 정도로 엄청난 높이다. 그런데 새는 고산병에 걸리지 않을까? 물론 새도 충분한 산소가 있어야 활동할 수 있다. 그럼에도 새들이 공기가 적은 곳에서 아무렇지 않게 날아다닐 수 있는 비결은 몸 안에 산소를 담아두는 구조를 갖추었기 때문이다. 새의 몸속에는 폐 말고도 '기낭(氣囊)'이라는 공기 주머니가 있다. 새가 숨을 들이마시면 폐뿐만 아니라 기낭에도 산소가 들어간다. 그리고 숨을 내쉴 때는 기낭에 있던 산소가 다시 폐로 이동한다. 폐의 이런 구조 덕분에 새는 높은 하늘에서도 신선한 공기를 공급받는다.

 딱따구리는 왜 나무를 쫄까?

딱따구리는 둥지를 만들기 위해 나무줄기를 쪼아 구멍을 낸다. 그런데 여기에는 다른 목적도 있다. 나무 쪼는 소리는 이성을 불러들이는 사랑의 노래가 된다. 사랑의 둥지를 만드는 작업 자체가 이성을 부르는 노래가 되는 셈이다. 딱따구리가 나무줄기를 쪼면서 나선형으로 올라갈 때가 있다. 쪼는 소리를 통해 나무 속 어디에 벌레가 숨어 있는지 살피는 것이다. 그렇게 벌레를 발견하면 긴 혀를 꽂아넣어 벌레를 잡는다. 딱따구리의 혀끝에는 반대 방향으로 가시가 나 있어 그것으로 벌레를 끌어낼 수 있다. 또 딱따구리의 부리는 쥐의 이빨처럼 계속 자란다. 부리를 다듬고 갈기 위해 나무를 쪼기도 한다.

 구관조는 왜 사람 흉내를 낼까? 그리고 그 비결은?

구관조가 사람 흉내를 낼 수 있는 비결은 혀의 생김새에 있다. 일반적으로 새의 혀는 가늘고 딱딱하지만 구관조의 혀는 인간처럼 두툼한데다 자유로이 움직일 수 있다. 다만 야생 구관조가 사람 흉내를 내는 것이 아니라 사육되는 구관조가 사람 흉내를 내는 것은 사육사를 향한 '러브 콜'이라고 할 수 있다. 야생 구관조는 이성을 부를 때 평상시와는 전혀 다른 독특한 소리를 낸다. 사육되는 구관조에게 구애 상대가 사육사고, 그 독특한 소리가 사람 흉내 인 것이다. 생활하는 환경에 익숙해지면 구관조는 사육 사가 눈앞에 없어도 사람 흉내를 낸다. 이것은 그 목소리로 사육사의 관심을 끌기 위함이다.

구관조

Q **가창력이 뛰어난 카나리아는 매번 새로운 노래를 부른다?**

카나리아는 가창력이 뛰어난 새로 유명한데 그 레퍼토리도 상상 이상이라고 한다. 미국 록펠러대학교의 나투범 박사팀의 연구에 따르면 카나리아는 성체가 된 후에도 노래를 학습하는 신경세포가 계속 증식하므로 계속 신곡을 익힌다고 한다. 예를 들어 가을부터 새로운 노래를 연습하기 시작하면 겨울 동안 곡을 마스터하고 봄이면 완벽하게 부를 수 있다. 다른 새는 성체가 되면 새로운 신경세포가 더 이상 만들어지지 않아 평생 같은 노래를 부르지만 카나리아는 노래를 잊기는커녕 매번 신곡을 익히는 것이다.

옛날 올림픽 사격에서는 진짜 비둘기를 쏘았다?

1900년 파리 올림픽에서는 '피전 슈팅(pigeon shooting)'이라는 경기가
열렸다. 즉 '비둘기 쏘아 맞히기 대회'였다. 이때 금메달을 딴 선수
는 벨기에의 레온 드 루딘이었다. 그는 모두 21마리의 비둘기를 떨
어뜨려 우승을 차지했다. 그런데 이 경기를 끝으로 피전 슈팅은 올
림픽 종목에서 제외되었고 이후 비둘기 대신 기계에서 발사되는 클
레이를 맞추는 것으로 바뀌었다.

 철새, 들새의 수는 가연 어떻게 셀까?

들새의 수를 한 마리 한 마리 셀 수 있을까? 습지에 가만히 머물러
있는 새나 호수 위를 날아가는 새의 수는 그럴 수 있을지 모른다.
하지만 그런 방법으로는 숲 속 보이지 않는 곳에 사는 들새의 수는
세지 못한다. 이때는 대략의 숫자를 계산하는 '선상법(line transect,
線上法)'을 이용한다. 우선 길을 따라 숲 속을 걸으며 좌우 25미터 범
위 안에서 발견한 새의 수를 헤아린다. 그리고 조사한 범위의 면적
과 전체 숲 면적을 계산하여 들새의 수를 가늠한다. 나아가 새와 관
찰자가 마주치게 될 확률(조우율)과 새가 관찰자에게 발견될 확률(발
견율)도 감안하여 조정한다. 이것을 공식으로 만들면 '들새의 수=발
견 수÷(조우율×발견율×면적율)'이 된다.

부부의 상징, 원앙새는 사실 부부 금실이 좋지 않다?

유난히 금실 좋은 부부를 '원앙'에 비유한다. 짝을 이룬 원앙새 암컷과 수컷이 늘 같이 다니는 것을 보면 그럴 만도 하다. 한 쌍의 원앙은 봄이면 둥지를 짓기 위해 적당한 장소를 물색한다. 둥지는 나무 구멍에 만드는데 장소를 정하는 것은 암컷이다. 둥지 구멍에 깃털을 깔고 주거 환경을 정비하는 것은 수컷의 몫. 그리고 교미가 끝나면 수컷은 둥지를 나와 가까운 연못이나 강에 산다. 한편 암컷은 둥지를 지키며 알을 낳고 품는다. 그러는 동안 수컷은 다른 암컷과 친해지거나 바람을 피우기도 한다. 암컷은 암컷대로 알에만 온 정성을 쏟고, 부화 후에도 수컷은 새끼에게 다가가지 않고 암컷 혼자 육아에 전념한다. 원앙 부부의 금실은 둥지를 만들기 전까지의 일이고 그 후에는 이렇듯 냉랭한 관계가 된다.

 바닷물은 짠데 물고기 살에서 짠맛이 나지 않은 까닭은?

바닷물은 엄청나게 짜다. 그리고 바닷속에 사는 물고기는 하루 종일 바닷물을 마셔 체내 수분 균형을 유지한다. 그런데 해수의 염분 농도는 물고기 체액의 3배 이상이나 된다. 만약 바닷물을 그대로 몸속에 받아들인다면 제아무리 바닷물고기라 해도 금세 죽고 말 것이다. 바닷물을 마시며 사는 물고기가 적절한 염분 농도를 유지할 수 있는 비밀은 아가미 구조에 있다. 들이마신 바닷물 가운데 불필요한 염분은 아가미에 있는 염류 세포를 통해 내보내는 것이다. 또한 물고기의 오줌에도 많은 양의 염분이 섞여 있다. 아가미와 배설, 이 2가지가 물고기의 살이 짜지 않는 비밀이다.

Q 전기가 나오는 전기뱀장어를 잡는 요령은 무엇일까?

전기뱀장어 중에는 몸길이가 2미터나 되는 것도 있고 전압을 최대 800볼트까지 만들어내기도 한다. 그야말로 헤엄치는 발전기라 잘못 덤볐다가는 고기 낚으려던 사람이 감전될 뿐이다. 전기뱀장어를 잡는 요령은 딱 하나다. 전기뱀장어를 발견하면 계속 수면을 치는 것이다. 그러면 놀란 전기뱀장어는 계속해서 전기를 방출한다. 이 과정을 계속하면 전기뱀장어가 몸속에 축적해놓은 전기가 바닥나는데, 이때가 절호의 기회로 단숨에 낚아채야 한다.

Q 수억 년을 살아온 실러캔스는 엄청나게 맛이 없어서 여태껏 살아남았다?

실러캔스

실러캔스는 1983년 아프리카 남부 마다가스카르 섬 앞바다에서 처음 발견되었다. 트롤선의 그물에 엄청나게 큰 물고기 한 마리가 걸렸는데 그 기괴한 모습에 선원들도 놀랄 정도였다. 커다란 아래턱과 2개의 등지느러미, 비늘은 엄청나게 딱딱했다. 그들은 곧장 박물관에 연락했고, 그것이 전 세계를 떠들썩하게 한 '살아 있는 화석'의 대발견이었다. 수억 년을 살아남은 이 물고기의 맛은 어떨까? 실제로 마다가스카르 섬 근처에서 사는 사람들 중에서 이 물고기의 맛을 본 이들이 있다. 그들의 평가에 따르면 "맛이 형편없다" "세상에서 제일 맛없는 물고기다"라고 한다. 실러캔스는 너무 원시적인 물고기인지라 어육 특유의 감칠맛을 만드는 아미노산 구성 자체가 원시적이다. 사람의 혀를 만족시킬 만큼 진화하지 못한 탓에 맛이 없는 것이다.

Q 비단잉어는 왜 그렇게 비쌀까?

물고기 애호가에게 비단잉어는 하나의 예술품이다. 최상품의 경우 5천만 원을 넘기도 한다. 최상품 비단잉어를 키워내기 위해 엄청난 투자와 노력이 필요하기 때문이다. 비단잉어 사육은 혈통 좋은 어미를 고르는 것에서 시작한다. 그 어미에게서 태어난 수십만 마리의 치어 속에서 생김새로 선별해내고 한 달쯤 지나 몸에 빛이 돌기 시작하면 모양과 색을 고려하여 다시 선별한다. 그러다가 이거다 싶은 물고기가 눈에 띄면 다시 골라 키우는 것이다. 그 뒤에도 물고기의 상태를 살펴가며 적절히 사료를 배합하고 병에라도 걸리면 돈을 아끼지 않고 약을 써야 한다. 겨울에는 연못 속에 온실까지 만들어야 한다. 하지만 제아무리 비단잉어 사육의 달인이라 해도 최종적으로 어떤 모습과 색깔의 잉어로 자라게 될지 정확하게 짐작하기가 어렵다. 그동안 들인 온갖 수고와 정성이 물거품이 될 수도 있다. 그래서 1등급 잉어의 가격은 비쌀 수밖에 없는데, 이 모든 게 애호가에게는 즐거움이라고 한다.

Q 가시복의 가시는 몇 개쯤 될까?

가시복은 복어의 일종으로 지역에 따라서는 고급 어종으로 귀한 대접을 받는데 보기와는 달리 꽤 맛이 좋다고 한다. 그런데 그 몸은 이름대로 수많은 가시에 뒤덮여

가시복

있다. 가시복은 적이 가까이 접근하면 가시를 일제히 곤두세워 적을 위협한다. 독은 없지만 찔리면 상당히 아플 것이다. 그런데 가시복의 가시는 몇 개나 될까? 실제로 세어 본 연구자에 따르면 어느 가시복은 무려 612개의 가시를 갖고 있었다고 한다. 또 다른 보고에서는 375개 남짓이었다고 한다. 연구자들은 가시복의 꼬리 부분을 바늘로 콕콕 찔러 화나게 한 다음, 잔뜩 곤두선 가시를 하나하나 세었다고 한다.

물고기의 미각은 인간보다 더 뛰어나다?

물고기의 미각 구조는 기본적으로 인간과 비슷하다. '미뢰'라는 세포로 맛을 느낀다. 게다가 가장 평범한 물고기조차 인간의 7배 예민한 미각을 가졌다. 민감한 물고기는 무려 60배 이상 예민하다고 한다. 다만 미각을 느끼는 부위는 인간과 달라서 물고기의 경우 혀보다 입술로 맛을 느낀다. 그래서 입술로 먹이를 콕콕 찔러보기만 해도 맛을 안다. 낚시할 때 느끼는 '입질'이다. 그러니 입질이 온다고 너무 서둘러 낚싯대를 잡아당기면 물고기는 맛만 보고 도망가 버린다. 물고기는 입술뿐만 아니라 입안, 수염, 지느러미로도 맛을 본다. 온몸으로 맛을 느끼는 것이다.

 아무리 닦아도 자꾸 생기는 어항의 이끼는 도대체 어디서 온 것일까?

무(無)에서 유(有)가 생길 리 없건만 어항은 참 신기하다. 금붕어와 수초만 넣은 어항에 어느새 이끼가 끼어 있다. 아무것도 없던 물에서 이끼가 갑자기 생겨났을 리 없고 금붕어가 이끼를 만드는 것도 아닌데 말이다. 사실 금붕어나 수초에는 처음부터 해감(흙과 유기물이 썩어 생기는 냄새나는 찌꺼기)의 작은 포자가 붙어 있다. 그리고 해감 포자는 공중을 날아다니다 어항에 들어갈 수도 있다. 이 포자가 어항 속에서 증식하여 이끼가 되는 것이다. 그리고 금붕어의 몸에는 이끼가 양분으로 삼을 수 있는 것이 가득하다. 금붕어의 배설물이나 먹이, 물속의 나트륨염 등이 그것이다. 어항 속에서 절로 생겨난 것처럼 보이는 이끼이지만 다 그럴 만한 이유가 있었다.

 금붕어를 강에 풀면 야생 금붕어로 살아갈까?

금붕어는 붕어를 관상용으로 개량한 것이다. 16세기 초, 중국에서 일본으로 전래되었다. 이 금붕어를 강에 풀어주면 어떻게 될까? 환경이 바뀌면 얼마 동안은 살아남을 수 있다. 그렇다고 금붕어가 야생화에 성공했다고 볼 수는 없다. 금붕어가 자연의 강에서 수정, 산란까지 마칠 가능성은 거의 제로라고 봐야 한다. 대대로 사람이 주는 먹이를 먹고 산 금붕어는 강에서 스스로 먹이를 찾지 못하고 대부분 얼마 안 가 죽어버리고 만다.

 사막 한가운데서 물고기를 낚는 기발한 방법이 있다?

사막에서 물고기를 낚으려면 일단 모래를 깊이 파야 한다. 사막 아래를 흐르는 지하수의 수맥에 물고기가 서식하고 있기 때문이다. 아주 먼 곳에서 빗물과 함께 흘러들어온 물고기는 지하 세계에서도 번식한다. 사막 아래 지하수가 흐른다고 하면 신기하게 들리겠지만, 지하 수맥이 있기 때문에 사막 한가운데 오아시스가 홀연히 나타나기도 하는 것이다.

홍수가 나도 개미집은 물에 잠기지 않는다?

주변이 온통 물바다가 되어도 개미집은 큰 피해를 입지 않는다. 개미집은 입구가 워낙 작아서 꽤 많은 폭우가 쏟아져도 개미집 안까지 흘러들어 가는 빗물의 양은 많지 않다. 또 개미집은 가는 가지 모양으로 여러 갈래의 길이 나누어져 있어서 알이나 먹이를 저장해 두는 중요한 방에는 물이 들어가지 않는 구조로 되어 있다. 게다가 개미는 처음부터 비의 영향을 가장 덜 받는 장소를 골라서 집을 짓는다. 인가 근처라면 처마 밑이나 마루 밑같이 비가 직접 들이치지 않는 곳을 고른다. 개미의 유전자 안에는 빗물 대책 정보가 확실히 새겨져 있는 모양이다.

개미는 어떻게 줄 지어 다닐까?

설탕이나 과자 부스러기를 흙 위에 던져두면 얼마 지나지 않아 개미 행렬이 생긴다. 개미들은 어떤 방법으로 동료들에게 먹이의 존재를 알릴까? 먹이를 처음 발견한 개미는 우선 자기가 가져갈 수 있는 만큼만 먹이를 물고 집으로 나른다. 이때 개미는 단순히 집에 돌아가기만 하는 것이 아니라 걸으며 지면에 냄새를 남겨둔다. 그러면 특별한 냄새를 알아 챈 다른 개미들이 냄새를 따라 음식이 있는 쪽으로 속속 도착한다. 그리고 그 수가 점점 불어나 어느새 개미의 행렬이 만들어지는 것이다. '발자국 페로몬'이라 불리는 이 냄새는 개미 특유의 의사소통 수단이다.

 꿀 1킬로그램을 만들려면 몇 마리의 벌이 필요할까?

평소 별 생각 없이 먹는 벌꿀. 알고 보면 생산 과정에서 엄청나게 손이 가는 먹을거리다. 1킬로그램의 벌꿀을 만들려면 대략 800마리의 꿀벌이 있어야 한다. 800마리의 꿀벌이 여름 한철 부지런히 일해야 겨우 이 양을 채울 수 있다. 미국에서는 1파운드(약 435그램)의 꿀을 모으기 위해 꿀벌이 지구를 두 바퀴나 돌아야 한다는 계산이 나왔을 정도이다. 이렇게 여름 내내, 대략 4~6주간 일한 꿀벌은 허망하게 세상을 뜬다.

민달팽이는 몸이 수분으로 차 있다?

민달팽이에 소금을 뿌리면 몸이 작게 움츠러든다. 이것은 삼투압 작용 때문으로 소금이 민달팽이 몸속의 수분을 빨아내기 때문이다. 민달팽이의 몸은 90퍼센트 이상

민달팽이

이 수분이라서 몸이 거의 녹아버릴 수도 있다. 물론 몸의 일부는 남아서 완전히 녹아 없어지진 않는다. 그럼 소금 대신 설탕을 뿌리면

어떨까? 삼투압 작용이라는 과학 이론에 맞은 큰 의미가 없다. 그러므로 설탕을 뿌려도 소금과 마찬가지 현상이 일어난다.

 형설지공이라는 고사성어처럼 반딧불이의 빛으로 글을 읽을 수 있을까?

반딧불이의 빛에 관한 다음과 같은 중국 고사가 있다. 옛날 중국에 차윤이라는 정치가가 있었는데 소년 시절 하도 가난해서 불을 밝힐 기름을 사지 못하고 반딧불이를 모아서 책을 읽고 공부를 했다는 이야기다. 이것이 바로 형설지공(螢雪之功)의 유래다. 그런데 반딧불이를 대체 몇 마리나 모아야 실제로 책을 볼 수 있을까 도전해본 사람이 있다. 그가 2천 마리의 반딧불이를 잡아 바구니에 넣어두니 어두운 방에서도 웬만큼 글을 읽을 수 있었다고 한다.

 일벌과 샐러리맨, 누가 더 부지런할까?

'일벌'은 회사에 다니는 샐러리맨으로 종종 비유된다. 하지만 사실 일벌은 흔히 생각하는 것처럼 일벌레가 아니다. 벌 전문가로 알려진 일본의 사카가미 쇼이치 박사의 연구에 따르면 그야말로 일만 하는 일벌은 전체의 53.3퍼센트에 그쳤고, 하루 실제 노동시간은 6.68시간으로 공무원보다 짧았다. 샐러리맨 쪽이 훨씬 일을 많이 하는 셈인데, 이유는 일벌의 수가 워낙 많아서다. 새로운 일벌이 끊임없이 태어나다 보니 나이든 일벌은 점차 일이 줄어드는 것이다.

 벌집에서 여왕벌이 없어지면 어떻게 될까?

사장 중심의 회사에서 사장이 쓰러지면 회사 자체가 휘청거리기 쉽다. 여왕벌이 절대적으로 군림하는 꿀벌 사회에서는 어떨까? 수만 마리의 꿀벌로 이루어진 하나의 벌집은 여왕벌을 중심으로 돌아간다. 여왕벌은 수많은 일벌을 낳는다. 이렇게 중요한 여왕벌이 벌집에서 사라진다면 일대 혼란에 빠져 그 사회가 붕괴하는 것은 아닐까? 하지만 꿀벌의 세계는 생각보다 튼튼하다. 남은 벌들은 즉시 유충 중 하나를 여왕벌로 만든다. 여왕벌이라고 해서 처음부터 여왕벌로 태어나는 것은 아니다. 유충 시절, 일벌이 분비하는 로열젤리를 받아먹으며 자란 유충이 여왕벌이 된다. 그 사실을 잘 아는 꿀벌 세계에 혼란은 없다.

 짚신이 없는 나라는 짚신벌레를 뭐라고 부를까?

생물 수업 시간에 등장하는 짚신벌레. 모양이 마치 짚신 같아서 붙은 이름이다. 그런데 짚신이 없는 서양에서는 이 벌레를 어떻게 부를까? 재미있게도 짚신이 없는 나라에서는 '슬리퍼'라는 말을 사용한다. 영어로는 슬리퍼 애니머큐얼(slipper-animacule), 즉 '슬리퍼처럼 생긴 작은 동물'이라는 뜻이다. '슬리퍼 벌레'인 셈이다. 독일어나 프랑스어에서도 마찬가지다. 독일어에서는 '슬리퍼 모양의 작은 동물'이라는 뜻을 가진 말이 쓰이고 프랑스어에서는 슬리퍼를 지칭하는 단어 그대로 짚신벌레의 이름으로 쓰인다.

 봄이 되면 개구리보다 올챙이가 먼저 시냇가를 점령한다?

개구리의 새끼 격인 올챙이. 그런데 봄이면 어미인 개구리가 나타나기도 전에 알을 깨고 나온 올챙이가 시냇물 여기저기에 헤엄치고 있다. 예전에는 이전 해에 낳아두었던 알이 부화했다는 주장도 있었지만 사실이 아니다. 이른 봄이면 개구리는 일단 잠에서 깨어나서 즉시 교미를 하고 산란까지 마친 다음 다시 겨울잠에 들어간다. 이 기간이 워낙 짧아서 봄에 개구리의 모습이 우리 눈에 띄지 않을 뿐이다.

벌레는 기온에 따라 다르게 운다?

늦여름에서 가을에 걸쳐 시끄러울 정도로 크게 울어대는 벌레들도 늦가을에 접어들면 저무는 가을을 아쉬워하기라도 하듯 구슬프고 애달프게 울기 시작한다. 벌레 소리가 다르게 들리는 것은 사람의 기분 탓만은 아니다. 실제로 벌레 소리는 기온에 따라 변한다. 벌레도 생물이다. 날씨가 따뜻하면 활동하기가 좋아서 날개를 더 많이 울린다. 날개를 힘차게 떨수록 크고 좋은 소리가 난다. 반대로 날이 춥거나 너무 더우면 운동 능력이 약해져서 날개의 움직임도 둔해진다. 소리가 작아질 수밖에 없다. 산길을 걷다가 한쪽 편의 벌레 소리만 우렁차다면 대개 그쪽이 양지바른 곳이다. 참고로 벌레가 우는 기온의 하한은 14~15도, 상한은 33도이며 최적 온도는 24~25도이다.

 거미가 집을 지을 때 과연 첫 번째 거미줄은 어떻게 칠까?

거미는 첫 번째 거미줄을 칠 때, 한참 동안 움직이지 않는다. 한곳에 가만히 있다가 목표로 삼은 나뭇가지를 향해 실을 늘어뜨린다. 목표물에 실이 제대로 닿으면 그 실을 타고 중간쯤까지 내려간다. 그리고 두 번째 거미줄을 자아낸다. 이 두 번째 실에 매달려 아래의 나뭇가지에 세 번째 실을 건다. 그러면 이 줄이 Y자 모양이 된다. 이것이 거미집의 기본형으로 여기에 가로 실을 쳐서 원에 가까운 거미집을 만든다.

 모기는 사람의 혈관을 정확히 물어 피를 빨아낸다. 과연 어떻게 혈관을 찾아낼까?

어두컴컴한 방, 한밤중에도 사람이 있는 곳에 와서 혈관을 찾아 피를 빠는 모기. 당연히 눈으로 혈관을 찾는 것은 아니다. 모기는 사람이 내뱉는 이산화탄소나 피부에서 나오는 아미노산의 냄새에 의존하여 사람에게 다가간다. 그리고 체온의 미묘한 변화로 혈관 위치를 찾아내고 그 자리에 침을 꽂는다. 참고로 모기 물린 자리가 가려운 것은 모기의 침 속에 피가 공기에 노출되어도 굳지 않도록 하는 성분이 들어 있기 때문이다. 이 성분이 피부에 닿으면 사람의 몸은 일종의 알레르기 반응을 나타낸다.

Q 개는 왜 사람 얼굴을 핥고 싶어 할까?

개는 주인의 얼굴을 잘 핥는다. 주인은 이것을 애정의 표시로 받아들이지만 개 입장에서 보면 사랑의 표현이라기보다는 복종의 의미가 강하다. 이는 아마도 강아지였을 때 어미의 코끝을 핥으며 먹이를 조르던 버릇이 몸에 남아서일 것이다. 따라서 이는 얼굴을 핥아서 주인의 기분을 맞추려는 행동이다.

Q 개의 코는 왜 늘 젖어 있을까?

개의 코는 예민한 후각을 유지하기 위해 늘 촉촉한 상태로 젖어 있다. 공기 중에는 냄새의 원인이 되는 미립자나 휘발성 물질이 끊임없이 떠다닌다. 그래서 숨을 들이쉴 때 콧속으로 따라 들어온다. 이런 냄새를 민감하게 느끼려면 콧구멍 속 점막이 극소 입자까지 포착해야 한다. 그리고 점막이 촉촉할수록 냄새 입자를 잘 잡아낸다. 그래서 개의 콧구멍 안쪽에서는 끊임없이 점액을 분비한다. 개의 코가 젖어 있는 것은 이 점액 때문이다. 만약 개의 코가 말라 있으면 질병의 신호일 수 있다. 발열로 인해 코가 마르는 것이다.

 개가 꼬리를 흔들면 사람을 좋아한다는 신호일 수도 있고, 아닐 수도 있다?

누구나 낮게 으르렁거리는 개한테는 다가가지 않으려 한다. 하지만 꼬리를 흔드는 모습을 보면 '나를 좋아하는구나' 하는 오해를 하고 다가갈 수 있다. 그런데 꼬리를 흔드는 개는 의외로 위험하다. 꼬리를 허리 아래로 내려서 흔들면 기쁨의 표현이지만 허리보다 높이 들고 흔들면 조심해야 한다. 이 동작은 개가 흥분 상태라는 증거다. 무심코 다가갔다가 덥석 물리고 말지도 모른다. 또 꼬리를 두 다리 사이로 말아넣었다면 두려움을 느끼는 것이다. 이때 다가가면 겁을 먹고 도망갈 수도 있고 궁지에 몰렸다는 생각에 몸을 날려 공격할 수도 있다.

 모든 개는 색맹이다. 그런데 맹인 안내견은 어떻게 신호등을 분간할까?

안내견은 시각장애를 겪는 주인을 인도할 뿐만 아니라 신호등의 빨간 신호도 구별하여 멈춰 선다. 분명 신호를 분간할 수 있는 것이다. 그런데 안내견뿐만 아니라 모든 개는 색맹이다. 도대체 안내견은 색깔로 구분하는 신호를 어떻게 알아차릴까? 사실 안내견은 신호의 색이 아니라 명암에 의해 신호를 구별할 수 있도록 오랜 기간 훈련을 받는다. 빨강색과 초록색은 파장이 다른데, 이것이 명암의 차이로 나타난다.

 고양이 목에 방울을 달면 어떻게 될까?

오랜 세월 고양이에게 시달린 쥐들이 생각해낸 '고양이 목에 방울 달기'. 그런데 방울이 달린 고양이 입장에선 얼마나 괴로울까? 쥐를 잡지 못하는 것이 문제가 아니다. 고양이 목에 달린 방울 소리가 고양이에게는 엄청난 소음이기 때문이다. 고양이의 청력은 인간의 6배다. 이렇게 탁월한 귀를 지닌 고양이의 귓가에 방울이 달려있다면 정말 괴로울 것이다. 더구나 고양이는 4만 헤르츠의 고주파까지 들을 수 있다. 인간의 한계가 2만 헤르츠이니, 고양이의 귀에는 인간보다 2배나 많은 소리가 들리는 셈이다.

 깜깜한 밤, 고양이 눈은 왜 빛이 날까?

어둠 속에서 고양이의 눈은 마치 '캐츠아이'라는 보석처럼 빛난다. 그런데 완전한 어둠 속에서는 아무리 고양이 눈이라 해도 빛을 발하지 못한다. 고양이의 눈은 빛을 내보내는 것이 아니라 외광을 반사해서 빛나는 것처럼 보이기 때문이다. 고양이 눈의 망막 뒤에는 '타페탐'이라는 반사판 모양의 얇은 막이 있다. 눈으로 들어온 빛은 시신경을 자극한 후 이 막에 닿아 반사되어 나간다. 이 반사 덕분에 고양이는 어둠 속에서도 사물을 보고, 또 이때 반사광이 고양이의 눈을 반짝이게 하는 것이다.

 사람들은 개나 고양이가 예쁘다거나 잘생겼다고 표현한다. 과연 개나 고양이끼리도 그럴까?

개나 고양이를 키우는 사람은 자기의 반려동물이 잘생겼다느니, 예쁘다느니 자랑을 하곤 한다. 같은 동물끼리도 이렇게 외모에 대해 생각할까? 동물에게는 상대방의 외모가 전혀 문제가 되지 않는다. 그렇다고 아무하고나 짝짓기하는가 하면 그렇지도 않다. 발정기가 오면 수컷은 암컷의 꽁무니를 졸졸 따라다니며 냄새를 맡기도 하고, 냄새에 민감한 개는 체취에 따라 상대를 고르기도 한다. 성격도 중요하다. 난폭한 개나 고양이는 역시 거절당할 확률이 높고, 인간과 마찬가지로 온화한 성격의 개, 고양이는 이성뿐만 아니라 동성에게서도 호감을 얻는다. 그런데 이런 반려동물의 성격 대부분은 주인을 닮는다고 한다.

5

건강을 위해 알아야 할
인체 상식

몸을 건강히 유지하는 것은
나무와 구름을 비롯한 우주의 모든 것에 대한
감사의 표시다.

– 틱낫한(Thich Nhat Hanh), 승려

방귀를 참으면 가스는 도대체 어디로 갈까?

방귀는 참으려고 하면 참을 수 있다. 그런데 방귀를 참았을 때 가스는 어디로 가는 걸까? 원래 방귀는 입으로 들어간 공기와 음식물이 소화기관을 통과하는 동안 다양한 화학반응으로 인해 가스화한 것이다. 대부분은 탄산가스와 수소, 질소다. 평균적으로 성인은 하루 1~3리터의 방귀를 배출하지만 이것을 참으면 장 속으로 돌아가 혈액 속에 흡수되고 몸속을 이리저리 돌아다니다 사라져버린다.

 방귀 소리가 다양한 까닭은 무엇일까?

방귀 소리를 결정짓는 것은 가스의 양, 몸 밖으로 가스가 분출되는 속도, 그리고 소화기관, 특히 직장(항문)의 형태, 이 3가지로 결정된다. 가스의 양이 많고 직장이 굵으면 저음의 큰 소리가 나고, 가스 양이 적고 직장이 가늘면 높고 가는 소리가 난다. 관악기에 비유해보자면, 색소폰에서 저음이 나고 피콜로에서 고음이 나는 것과 같은 이치다.

 '소리가 요란한 방귀는 구리지 않다'는 말이 있다. 사실일까?

소리 없이 쓱 나오는 방귀는 냄새가 고약하고 요란한 소리를 내는 방귀는 별 냄새가 없다고 사람들은 흔히 말한다. 이는 대체적으로 사실이다. 그 이유는 이렇다. 방귀 가스의 99퍼센트는 냄새가 없는 수소, 질소, 탄산가스, 메탄가스, 탄소로 이루어져 있고 이들 가스는 밥, 콩, 감자, 고구마 등 탄수화물을 먹었을 때 발생한다. 나머지 1퍼센트는 암모니아, 유화수소, 인돌(indole) 등 악취가 나는 성분으로 고기, 생선 등의 단백질과 지방에서 발생한다. 대량의 가스를 분출하며 소리가 요란한 방귀는 탄수화물을 먹었을 때 자주 나온다. 그래서 별 냄새가 나지 않는 것이다. 반대로 밥보다 고기, 생선을 많이 먹었을 때는 방귀 냄새가 고약해지기 쉽다.

 위급 상황에서 사람이 초인적인 힘을 발휘하기도 하는 까닭은?

사람의 근력은 아무리 애를 써도 잠재력의 50~60퍼센트를 넘지 않는다. 만약 그 잠재력을 100퍼센트 발휘하면 근육조직이 망가져버릴 수 있기에 평소에는 뇌가 명령으로 근육의 힘을 억제한다. 그런데 화재나 지진 같은 돌발 상황에 직면하면 뇌가 공황 상태에 빠져 통제력을 잃고, 근섬유는 놀랄 만큼 초인적인 힘을 발휘한다. 따라서 평소 걷기도 버거워하던 노인이 불난 집에서 무거운 짐을 갖고 달려 나오는 이색적인 상황이 벌어지는 것이다. 물론 그 후 뇌의 제어기능이 되돌아오면 기진맥진해 주저앉지만 말이다.

 운동신경의 좋고 나쁨은 뇌에 달려 있다?

에너지 소모가 많은 운동은 뇌의 대뇌기저핵이 담당하고, 소모가 적은 운동은 소뇌가 담당한다. 얼굴이 가려울 때 팔을 들어 손을 얼굴 가까이 가져가는 것은 대뇌기저핵의 일이지만 손가락으로 얼굴을 긁는 것은 소뇌의 지령에 의한 것이다. 운동신경의 좋고 나쁨은 이런 뇌 작용에 크게 좌우되는데, 운동신경이 뛰어난 사람은 대뇌기저핵과 소뇌의 작용이 남들에 비해 훨씬 뛰어나다. 또 뇌의 명령이 근육에 제대로 전달되려면 전달 신경이 굵어야 하는데, 이것도 개인차가 있다. 신경이 굵은 사람은 민첩하고 신경이 가는 사람은 전달속도가 느려서 운동신경이 둔하다. 뇌의 명령을 전달하는 신경은 나이를 먹을수록 가늘어진다. 그래서 10대에는 재빨랐던 사람도 점차 운동신경이 나빠지는 것이다.

 추울 때 닭살이 돋는 원리는 무엇일까?

사람의 체온은 외부 기온 변화와 관계없이 일 년 내내 거의 일정하게 유지된다. 뇌 속 '온열중추'가 체온을 조절하는데, 더운 날 땀을 흘리고 추운 날 몸이 움츠러드는 것도 이 온열중추의 작용에 의한 것이다. 닭살이 돋는 것도 마찬가지다. 날씨가 추워지면 사람의 몸은 체온이 빠져나가는 것을 막기 위해 혈관과 피부를 수축하고, 표면적을 최대한 좁히려 한다. 이때 근육이 움츠러든 만큼 피부가 당겨지고 누워 있던 솜털이 곤두서게 된다. 공포나 추위로 소름이 돋는 것도 이런 현상이다. 또 피부가 당겨지고 털이 곤두서면 모근 주변의 피부가 털을 따라 오돌토돌하게 튀어나온다. 이것이 소름 혹은 닭살이다.

 달리다 지치면 턱이 위로 올라간다. 그 이유는?

달리기를 하다 힘들면 턱이 점점 위로 올라간다. 이것은 한계가 가까워졌다고 몸이 신호를 보내는 것이다. 반듯한 자세로 달리기 시작했더라도 몸이 지치면 점차 균형

육상 경기 장면

이 무너진다. 예를 들어 어깨의 근육이 피로하면 어깨 자체의 힘만으로 움직이기 힘들어지고 근육 전체의 균형이 무너진다. 그래도 계속 달리려고 하면 뇌가 다른 근육에 도와주라는 명령을 내린다. 그 명령에 가장 충실히 반응하는 것이 턱이다. 턱을 치켜 올려 몸의 균형을 되찾으면서 더 달릴 수 있게 되는 것이다. 하지만 이 상태로도 오래 달리면 결국 체력이 바닥난다. 다리, 팔, 어깨, 허리 등 균형 잡힌 바른 자세로 에너지 낭비가 없도록 달리는 것이 가장 좋다.

 남성은 팔자걸음, 여성은 안짱다리가 많다?

남녀의 걸음걸이의 차이는 골반의 형태에서 원인을 찾을 수 있다.

여성은 남성에 비해 골반이 넓고 다리 근육의 힘이 약해서 고관절의 위치가 중심에서 약간 벗어나 있다. 그래서 다리 안쪽에 체중을 싣고 걷는 것이 편하다 보니 안짱다리가 되기 쉽다. 남성은 그 반대로, 골반이 작고 다리 근육의 힘이 세다. 게다가 고관절 위치가 중심에 있기 때문에 팔자걸음이 더 편하게 느껴지는 것이다.

 양의 수를 세면 정말 잠이 솔솔 올까?

'잠 못 이루는 밤에는 양을 세라'는 말이 있는데 정말 이 방법으로 잠이 올까? 이 말에 충실히 '양을 세는 일'에 진지하게 몰두하면 세는 행위 자체에 온 신경을 집중하여 오히려 정신이 맑아진다. 사실 이 말은 양이 뛰노는 평화로운 풍경을 떠올리며 마음을 가라앉히라는 것에서 나왔는데, 양의 숫자 세기는 어디까지나 여기에 덧붙여진 이야기다. 서양에서는 집 근처 들판으로 온 가족이 소풍 가는 것이 큰 즐거움이었고 그러다 보니 양이 뛰노는 초원의 풍경이 마음을 평온하게 하는 장면으로 자리 잡은 것이다. 그러니 목축문화의 오랜 전통이 없는 곳에서 이것만 따라 한들 별 의미가 없다.

 위의 강력한 위산은 뭐든 녹인다. 그런데 위는 어떻게 끄떡없을까?

사람의 위산은 고기도 녹일 만큼 강력하다. 위 자체가 위산에 녹아버린다 해도 이상하지 않다. 하지만 위는 꽤 정교해서, 점막에 여러 겹의 방어막을 갖추고 있다. 위 점막의 표면에는 점액과 탄산수소 나트륨이 층을 이루고 있다. 위 점막에서 분비되는 물엿같이 끈적한 점액과 강산성의 위산을 중화하는 탄산수소나트륨이 힘을 모아 위를 지키는 것이다. 위산이 이 방어막을 뚫고 나온다 해도 '계면활성인지질에 의한 소수층'이라는 것이 산을 막아낸다. 그리고 위 점막을 구성하는 점막상피세포층이 세포막을 강화하여 세포와 세포의 연결을 굳건히 함으로써 위의 방어 체계는 한층 강해진다. 이렇게 철통같은 방어도 뚫고 나와 세포를 파괴하는 산이 있다. 그래서 점막상피세포층 아래의 세포 증식대에서 부지런히 세포 분열을 하여 새로운 세포를 보급한다. 또 이런 기능이 잘 돌아가도록 수많은 동맥이 위를 둘러싸고 신속히 영양과 산소를 공급한다. 하지만 이와 같은 여러 겹의 방어 체계에도 불구하고 위산이 위를 소화해버리는 경우가 있다. 그것이 위궤양이다.

 배 고플 때 꼬르륵 소리가 나는 것은 생명을 유지하기 위한 것이다. 왜일까?

아무리 우아한 미녀도 배가 고프면 뱃속에서 꼬르륵 소리가 난다. 이 소리 자체를 부끄럽게 여기는 사람도 있을 것이다. 그런데 이 소리, 생명을 유지하는 데 꼭 필요한 존재이다. 배가 고프다는 것은 혈당치가 떨어지고 그대로 아무것도 하지 않으면 생명이 위험할 수도 있는 일이다. 그래서 뇌로부터 지령을 받은 위는 '기아 수축'이라는 움직임을 시작한다. 요컨대 "밥을 내놔라!" 하며 조르는 것인데, 이러한 위의 운동은 장에까지 자연스럽게 영향을 미쳐 장에 모여 있던 가스가 여기저기로 이동하기 시작한다. 이때 꼬르륵 소리가 나는 것이다. 배에서 꼬르륵 소리가 나면 어서 음식을 넣어 달래줘야 한다. 그것이 건강에 좋다.

 십이지장이 이름은 '손가락 열두 개'라는 의미다?

십이지장은 위와 소장을 연결하는 장의 첫 부분으로 그리 큰 장기는 아니다. 전체 길이가 약 30센티미터에 지나지 않는다. 십이지장의 길이는 사람 손가락 12개를 나란히 놓은 것과 같다. 손가락의 폭이 약 2.5센티미터인데 여기에 12를 곱하면 30센티미터가 된다. 또 라틴어 해부학명인 'duodenum'이라는 단어는 12라는 뜻을 갖고 있는데, 이렇듯 십이지장은 처음 이름이 생길 때부터 12라는 숫자와 깊은 관계가 있었다.

 긴장하면 왜 식은땀이 날까?

땀에는 더울 때 나오는 '온열성 발한'과 긴장, 감동 같은 정신적 작용 때문에 나오는 '정신성 발한'의 2가지가 있다. 온열성 발한은 뇌의 명령에 따라 체온을 일정하게 유지하기 위한 것으로 땀이 얼굴, 목, 등에서 주로 난다. 반면 정신성 발한은 대뇌피질, 특히 전두엽 중추의 명령에 의해 나온다. 그래서 전두엽이 발달한 사람은 다른 어떤 동물보다 땀을 많이 흘린다. 이때 '손에 땀을 쥐다'라는 말처럼 손바닥, 발바닥, 겨드랑이 밑에서 땀이 난다. 또 온열성 발한과 달리 체온 조절 목적이 아니므로 땀의 양이 많지 않고 식은땀이 살짝 나는 정도다.

 욕조에 들어가면 오줌이 마려워진다. 그 이유는?

어린아이 중에는 욕조에 들어가면 꼭 오줌을 누는 아이가 있다. 어른도 크게 다르지 않아서 욕조에 몸을 담그면 요의를 느끼는 사람이 적지 않다. 전립선 비대증으로 평소에는 화장실에 잘 못 갔는데 욕조에 몸을 담근 직후 해결했다는 말도 있다. 여기에는 2가지 이유가 있다. 하나는 몸이 차츰 데워지고 혈액 순환이 좋아지면서 방광이 부풀어 올라 소변이 보고 싶어지는 것이다. 또 하나는 과거 욕실에서 소변을 보았던 경험이 버릇으로 굳어져 반사조건처럼 소변이 마려운 것이다. 어쨌거나 이런 현상은 몸에 문제가 있는 것은 아니므로 걱정할 필요는 없다.

차가운 빙수를 먹으면 왜 머리가 띵할까?

똑같이 찬 음식인데도 아이스크림을 먹을 때는 안 그런데, 빙수를 먹으면 머리가 띵하다. 무슨 차이가 있을까? 찬 음식을 먹으면 입에서 뇌로 자극이 전달된다. 이것이 뇌간(brain stem, 뇌에서 대뇌반구와 소뇌를 제외한 부분) 주변의 신경에까지 전달되면 뇌막(cerebral menings, 두개골 속 뇌를 싸고 있는 얇은 막)의 혈관이 수축되기 시작한다. 그 때문에 빙수를 먹으면 머리가 띵해지는 것이다. 빙수와 달리 아이스크림을 먹을 때 이런 통증이 없는 것은 그 안에 지방분 등이 많이 함유되어 있어서다. 아이스크림의 실제 온도는 빙수보다 낮지만 지방분이 입안을 차갑게 하는 효과를 완화해준다.

혈액형은 왜 ABC가 아니고 ABO일까?

보통 A, B, 그다음은 C가 등장한다. 그런데 혈액형은 왜 부자연스럽게 O가 등장할까? 이에 대해서는 다음과 같은 주장이 있다. 혈액형이 처음 발견되었을 때의 분류법은 A형, B형, 0(zero)형으로 나뉘었는데 그러다가 AB형이 발견되었고 1927년 국제연맹 전문위원회에서 4가지 혈액형을 표준형으로 사용하기로 결의했다. 이때 여러 학자들이 필기하고 서류를 인쇄하면서 0형이라고 쓴 것이 O형으로 보여 이것이 굳어졌다는 설이다. 한편, 0형이 아니라, C형이었는데 오른쪽 끝이 붙어 보여서 O형이 되었다는 설도 있다.

비타민 중에서 왜 비타민 B만 가짓수가 많을까?

비타민에는 A, B, C, D, E 등 정말 많은 종류가 있다. 그중에서도 비타민 B는 B_1부터 시작하여 B_{12}까지 여러 개가 있다. 왜 비타민 B만 이렇게 종류가 많을까? 이것은 물에 녹고 탄수화물을 에너지로 바꾸는 성질을 가진 비타민이 모두 비타민 B에 포함되었기 때문이다. 제1호 비타민 B인 B_1(oryzanine, 오리자닌)은 1910년, 스즈키 우메타로에 의해 발견되었다. 이를 계기로 과학자들 사이에서 비타민 발견 붐이 일었고 앞서 말한 성질을 지닌 것은 모두 비타민 B로 무리 지어졌다. 그러나 연구가 진행됨에 따라 비타민 B 중에는 흰쥐나 곰팡이의 신진대사에 영향을 미쳐도 인간에는 별 영향이 없는 것까지 포함되어 있음을 알게 되었고, 지금은 비타민 B_1, B_2, B_6, B_{12}의 네 종류 이외에는 결번으로 처리되어 있다. 그리고 B_{12} 이후에 발견된 비타민 B류는 니코틴산(nicotinic acid), 판토텐산(pantothenic acid) 등의 화학명으로 부르고 있다.

 체지방률 체중계는 어떻게 체지방률을 측정할까?

기기에 올라서는 것만으로 지방률을 측정할 수 있는 체지방률 체중계. 어떻게 올라서기만 해도 체지방률을 알 수 있을까? 여기에는 근육에 비해 지방에는 전기가 잘 통하지 않는다는 원리가 적용되어 있다. 체중계에 올라서면 양발 사이로 전류가 흐르고 전기가 잘 흐

르지 않는 정도를 측정해서 지방량을 측정하는 것이다. 이 수치에
신장과 체중을 더해 지방률을 계산할 수 있다.

 사람이 얼어 죽는 것은 날씨와 상관이 없다? 그렇다면 무엇이 가장 큰 원인일까?

동사(凍死)라고 하면 외부 기온이 낮아진 것이 가장 큰 원인일 것이라 흔히 생각하지만, 사실 외부 기온과 동사 사이에는 직접적인 관련이 없다. 그보다 체온, 특히 직장 온도가 떨어지는 것이 가장 치명적이다. 예를 들어 보자. 차가운 물속에 몸을 담그면 외부 기온이 비교적 높더라도 몸의 열을 빼앗기고 체온이 내려간다. 그리고 직장 온도가 35도 이하로 내려가면 체온 조절 능력이 급격히 떨어지고 근육이 무기력해져 움직일 수 없게 된다. 그리고 의식이 몽롱해지며 환각이 일어난다. 직장 온도가 30도 이하로 떨어지면 의식을 잃고, 여기서 더 떨어지면 맥박이 흐트러지고 혈압이 급격히 떨어지며 목숨을 잃을 수 있다. 참고로, 세계 역사상 가장 많은 사람이 얼어 죽은 일은 1812년 10월에 일어났다. 모스크바를 덮친 대 한파로 나폴레옹 군대 중 18만 명이나 얼어 죽은 사건이다.

 얼굴과 머리의 경계는 과연 어디일까?

평소 별 생각 없이 쓰던 말도 명확히 정의해보려 하면 고개를 갸우

뚱하게 될 때가 있다. 얼굴과 머리의 경계가 그렇다. 둘 다 목 위에 달린 신체 부위를 지칭하지만 어디서 어디까지가 얼굴이고 또 머리냐고 묻는다면 선뜻 답하지 못하는 사람이 많다. 아마 가장 흔한 대답은 '머리카락이 난 곳이 머리, 나지 않은 곳은 얼굴'이라는 대답이 아닐까? 그런데 이것은 정답이 아니다. 이 정의대로면 대머리인 사람은 '머리'가 아예 없기 때문이다. 정답은 콧대 시작 부분부터 눈썹을 지나 귓구멍에 이르는 곡선을 그었을 때 그 위는 머리, 아래는 얼굴이다. 그렇게 따지고 보면 이마는 얼굴이 아닌 머리의 한 부분이 된다.

 부끄러우면 왜 얼굴이 빨개질까?

인체의 신경은 자기 의지로 제어할 수 있는 것과 그렇지 못한 것으로 나뉜다. 이 중에서 제어할 수 없는 신경을 자율신경이라 하고, 자율신경은 교감신경과 부교감신경으로 또 나뉜다. 안색이 붉으락 푸르락해지는 데는 두 신경이 깊이 관련되어 있다. 예를 들어 우리가 부끄럽다고 느끼면 부교감신경이 작용하여 얼굴 혈관이 확장되고 혈류량이 증가한다. 그래서 얼굴이 빨개지는 것이다. 반대로 화를 내거나 공포를 느낄 때는 교감신경의 작용으로 혈관이 수축하고 혈류량이 줄어든다. 그래서 얼굴이 창백해진다.

낯가죽의 두께는 실제로 어느 정도일까?

부끄러움을 모르는 사람, 뻔뻔한 사람을 보고 '낯가죽이 두껍다'고 한다. 사람의 피부는 한 겹이 아니라 표피, 진피, 피하조직의 세 겹으로 되어 있다. 표피 두께는 평균적으로 0.1~0.3밀리미터, 진피는 0.3~2밀리미터 정도며, 피하조직에는 지방이 쌓이는 부분이 있어 뚱뚱한 사람과 마른 사람 사이에는 꽤 두께가 차이 난다. 전체 피부 두께는 그 피하지방을 포함해도 1~4밀리미터밖에 되지 않는다. 또한 같은 피부라 해도 신체 부위에 따라 두께가 다르다. 피부가 가장 얇은 곳은 눈꺼풀이고 가장 두꺼운 곳은 발뒤꿈치다. 얼굴은 비교적 피부가 얇은 부위로 피하지방을 빼면 9개월 된 아기가 0.04밀리미터, 15세 청소년이 0.07밀리미터, 35세 성인이 0.1밀리미터 정도이다. 낯가죽이 아무리 두꺼운 사람이라도 이보다 더 두껍지는 않다.

 아침에 일어나면 왜 얼굴이 부어 있을까?

아침에 막 잠에서 깬 얼굴은 대개 통통 부어서 보기에 별로 좋지 않다. 자고 일어나면 왜 얼굴이 부을까? 인간의 세포는 동맥을 통해 끊임없이 수분 공급을 받는다. 여분의 수분은 정맥을 통해 회수하여 세포 내 수분이 일정하도록 유지하는데, 오랜 시간 같은 자세로 있으면 세포 내 수분이 고여서 흔히 말하는 부기가 된다. 잠을 잘 때

는 장시간 누워 있기 때문에 역시 물이 고이기 쉽다. 특히나 얼굴은
물이 고이기 쉬워서 막 잠에서 깨면 얼굴이 퉁퉁 붓는 것이다.

 보조개는 근육의 우연한 현상이다. 어떻게 만들어질까?

웃을 때 양 볼이 폭 패는 현상이 보조개다. 사람은 동물계를 통틀
어 유일하게 웃는 동물이니, 보조개 또한 사람에게만 있다. 이런 모
양은 어떻게 만들어질까? 얼굴에는 다양한 근육이 있다. 특히 입과
볼의 근육은 복잡하다. 웃으면 이 근육들이 긴장하거나 수축하는
데 그 결과 피부의 어느 한 지점이 쏙 들어가는 것이 보조개다. 여
성이나 어린아이처럼 볼이 통통하고 피부가 부드러울수록 보조개
가 잘 생긴다. 다른 사람에 비해 피부가 근육에 의해 다양하게 당겨
지기 때문이다.

 크게 웃으면 왜 눈물이 날까?

원래 눈물은 슬플 때만 나는 것이 아니다. 기쁨, 즐거움, 분함 등 희
로애락의 모든 감정에 의해 눈물이 날 수 있다. 그러므로 박장대소
한 후 나오는 눈물이 별로 이상한 것은 아니다. 슬픔으로 대표되는
강렬한 감정이 대뇌 전두엽을 자극하면 눈물이 나오게 되어 있다.
눈물을 흘려서 마음을 안정시키고 신경의 긴장을 완화하기 위함이
다. 또 박장대소 후의 눈물은 어찌 보면 강렬한 감정의 자극에 의한

것이지만 입을 크게 벌린 탓에 눈물샘이 자극을 받아 그 생리적 반응에 의해 눈물이 나기도 한다.

 웃는다고 주름이 늘어나는 것은 아니다?

누구나 웃으면 눈꼬리에 일시적인 주름이 생긴다. 그래서 너무 많이 웃으면 주름살이 늘어난다는 말이 있는데, 진짜일까? 결론부터 말하면 전혀 근거 없는 주장이다. 주름은 피부 속 수분이 줄어 피부가 위축되거나 노화로 인해 피부조직의 탄성이 약해져서 생긴다. 즉 늘어난 피부를 원래대로 되돌릴 힘이 약해지면 주름이 되는 것이다. 웃지 않아도 피부가 노화하면 주름이 생긴다. 그러므로 잘 웃는 버릇 때문에 주름이 생겼다며 탓하는 사람이라면 피부관리에 조금 더 신경 쓰는 편이 낫다. 피부관리의 핵심은 수분 공급이다. 화장수를 충분히 발라 촉촉하게 한 후 크림 등으로 커버하는 것이 효과적이다.

 밤을 새면 갑자기 수염이 자라는 까닭은?

야근을 하거나 밤늦게까지 논다고 깨어 있다가 문득 거울을 보면 눈 아래 그늘이 내려앉고 수염이 까칠하게 자란 모습이 보인다. 평소보다 빨리 수염이 자란 듯한 느낌도 드는데, 사실은 일종의 착각이다. 하루 중 수염이 가장 빨리 자라는 시간대는 오전 8~11시다.

밤에는 낮처럼 많이 자라지 않는다. 그럼 왜 저녁에 수염이 더 눈에 잘 띌까? 아침부터 그 시간까지 수염을 깎을 일이 없다는 지극히 당연한 이유다. 또 다른 이유로, 야근이나 밤샘으로 체력이 떨어지면 피부의 긴장이 풀려 피부 속에 파묻혀 있던 수염의 표면이 평소보다 더 노출되어 보이는 것을 들 수 있다.

Q 콧구멍이 2개인 데는 과학적이고 효율적인 원리가 숨어 있다?

콧구멍이 2개인 데는 다 그럴 만한 이유가 있다. 구멍이 하나라면 매우 곤란한 상황이 자주 일어날 것이다. 만약 콧구멍이 하나라면 숨을 들이마실 때의 기류가 난류가 되어 공기가 폐까지 전달되지 못한다. 또 공기를 들이마실 때 상당한 에너지가 들고 호흡만으로 어마어마한 에너지를 소모할 수밖에 없다. 또 콧구멍이 하나만 있으면 냄새를 제대로 맡을 수 없다. 한쪽 구멍에 여러 가지 냄새가 섞여 들어오면 후각이 무뎌진다. 인간이 향을 즐기고 썩은 냄새를 식별할 수 있는 것은 모두 콧구멍이 2개이기 때문이다. 그뿐만 아니라 콧구멍이 하나라면 감기 등으로 코가 막힐 때 대단히 난감할 것이다. 다행히 2개라서 한쪽이 막혀도 다른 한쪽으로 숨을 쉴 수 있다.

Q 코털은 고등동물이라는 증거다?

외관상 때로는 달갑지 않게 여겨지는 코털이지만 인간에게 꼭 필요한 이유가 있다. 코털은 코로 들이마시는 공기를 깨끗하게 정화하는 역할을 한다. 지저분한 공기를 거르지 않고 그대로 들이마시면 폐나 내부기관에 악영향을 미친다. 그렇게 생각해보면 지금보다 공기가 맑았던 옛날에는 인간의 코털이 지금처럼 무성하지 않았을 것이다. 즉, 코털은 인간이 어떤 환경에서든 살아남을 수 있게 점차 발달해온 진화의 증거다. 이를 뒷받침하는 근거로 인간을 제외한 고등동물로 알려진 고릴라, 침팬지, 오랑우탄 같은 유인원에게는 코털이 있다. 하지만 그 밖의 다른 원숭이나 동물에게는 코털이 없다.

기고만장할 때 콧구멍이 벌름거리는 까닭은?

득의만면(得意滿面)이라는 말이 있는데 이럴 때 사람들은 콧구멍을 벌름거리게 마련이다. 그 원리는 다음과 같다. 누군가에게 칭찬받거나 추켜세워지면 기분이 한껏 고조되고, 이 자극이 자율신경을 통해 몸에 여러 가지 변화를 불러일으킨다. 코도 예외가 아니다. 들뜬 기분이 콧속 혈관에 연결되어 있는 부교감신경을 자극하여 혈관이 충혈된다. 그러면 콧속 공기의 흐름이 방해를 받아 콧방울이 부푸는 것이다. 만화나 코미디영화 등에서 크게 부푼 콧구멍과 거친 콧김 등의 모습으로 감정을 묘사하는 것도 이 때문이다.

얼굴을 자주 씻으면 오히려 여드름이 많아질 수 있다?

여드름 예방을 위해서는 무엇보다 피부를 청결하게 유지하고 불필요한 지방을 없애는 것이 중요하다. 그래서 깨끗한 세안이 최선의 예방이라는 말이 있는데, 사실 지나친 세안은 오히려 여드름이 많아지게 할 수 있다. 여드름이 잘 나는 사람은 원래 피지 분비가 많은 편이다. 피지선의 작용이 활발하다는 뜻인데, 비누로 여러 번 얼굴을 씻으면 피지선을 자극하여 피지 분비가 더 활발해진다. 여드름을 없애려면 여분의 피지를 제거하는 것은 물론, 피지선의 활동을 둔하게 하는 것이 중요하다. 그러므로 비누로 하는 세안은 아침, 점심, 저녁, 자기 직전, 이렇게 4회 정도만 하는 것이 좋다.

 작은 얼굴을 원한다면 열대지방으로 가라?

요즘에는 작은 얼굴이 인기다. 그런데 열대지방 사람들은 대체로 얼굴이 작다. 사람의 몸은 생활 환경과 풍토에 맞추어 변해간다. 추운 곳에 오래 살면 체온을 저장해두기 위해 몸이 커지고 반대로 더운 곳에 살면 체온을 발산하기 쉬운 작은 몸으로 바뀐다. 북유럽 사람들의 덩치가 비교적 큰 것도 이 때문이다. 신체 부위 중 기후의 영향을 가장 쉽게 받는 것이 머리다. 뇌는 대량의 열을 발산하는 기관이기 때문이다. 더운 나라에서는 뇌를 열로부터 지키기 위해 머리가 작아진다. 얼굴이 작은 사람이 많을 수밖에 없다.

갓난아기는 생존을 위해 침을 늘 흘린다?

갓난아기가 끊임없이 침을 흘리는 데는 다 이유가 있다. 생존을 위해 꼭 필요해서다. 갓난아기의 내장은 충분히 발달하지 못해서 음식물을 제대로 소화할 수 없다. 그래서 우유나 이유식을 먹지만, 그것조차 다 소화하지 못한다. 이 때문에 아기들은 다량의 침을 분비하여 소화를 촉진한다. 게다가 갓난아기는 아직 입에 고인 침을 삼킬 줄 몰라서 음식물과 함께 소화기관에 흘려보내고 남은 침을 입 밖으로 흘린다. 결과적으로 갓난아기는 늘 침을 흘리는 것으로 보인다.

 더운 지역 사람들 중에는 유독 곱슬머리가 많다. 그 까닭은 무엇일까?

적도 가까이 위치한 나라에는 머리카락이 곱슬곱슬한 사람이 많다. 물론 미용실에 가서 그런 머리를 한 것이 아니다. 열대의 잔혹한 자연환경이 머리카락을 꼬불꼬불하게 만든 것이다. 머리카락은 뇌를 외부로부터 보호하기 위해 존재한다. 그 외부 충격에는 태양 광선도 포함된다. 머리카락의 중심부에는 공기를 듬뿍 머금은 수질(髓質)이라 불리는 부분이 있는데, 이것이 열을 차단하는 역할을 한다. 이때 머리카락이 꼬불꼬불할수록 단열 효과가 뛰어나다.

Q 귓불은 사실 없어도 그만인 부위다?

귓불은 왜 있을까? 이렇게 물으면 어떤 사람들은 귀걸이를 하기 위해서라고 농담을 할지도 모른다. 그만큼 귓불은 사실 맹장과 마찬가지로 있어도 그만 없어도 그만인 존재다. 진화론적으로 말하자면, 귓불은 바깥귀가 발달하는 단계에서 아래로 넓어졌거나 혹은 귀 피부가 중력 때문에 처진 것으로 추정된다. 이런 덤 같은 부분을 몸에 달고 있는 것은 동물계 전체를 통틀어 인간밖에 없다. 그런데 이런 사실은 오히려 인간이 가장 진화한 생물임을 보여주는 증거다. 귓불이 아무 역할을 하지 않는다는 데 이견도 있을 것 같다. 관상에서는 귀가 복을 나타내는 주요 포인트고 이성과의 관계 시 주요 성감대이기도 하니까.

Q 귓불은 인체에서 가장 체온이 낮다. 그 이유는 무엇일까?

뜨거운 것을 만지면 "앗, 뜨거!" 하며 손가락을 귓불에 갖다 대게 된다. 귓불의 체온이 인간의 몸에서 가장 낮아서다. 왜 그럴까? 체온은 뼈와 근육, 심장, 간장 등에서 발생해서 혈액을 타고 온몸으로 전해진다. 그런데 몸의 표면에 있는 부분, 특히 볼록 솟아 있는 부분은 가장 먼저 열을 빼앗긴다. 그래서 손발의 끝이나 코끝, 귓불 등의 체온이 낮아진다. 이 부위는 보통 30도 정도밖에 안 된다.

귓밥도 건강을 위해 중요한 기능을 한다?

귓밥은 귓구멍 속의 땀샘이나 피지선에서 나온 분비물이 먼지나 각질과 섞여서 생긴다. 요컨대 귀가 내보내는 쓰레기인데, 이런 귓밥도 역할이 있다.

첫째, 귀에 이물질이나 작은 벌레가 들어오지 못하도록 막는 안전 장치의 역할이다. 특히 귓밥이 끈끈한 사람은 귓밥이 끈끈이 역할을 한다.

둘째, 살균 효과가 있다. 귓밥에는 단백질을 분해하는 산성 효소가 들어 있어 귓속이 균을 없애준다.

셋째, 귓구멍을 보호하는 역할이다. 귓밥 속 지방이 연약한 귀 피부를 지켜준다.

따라서 귀 청소는 너무 철저하게 할 필요가 없다. 귓밥이 조금 남아있는 것이 오히려 건강에는 좋다.

 사람은 어느 정도의 소음까지 견딜 수 있을까?

폰(Phon)은 소리 크기의 단위며, 인간의 청력은 최대 150폰 미만이다. 구체적인 예를 통해 인간의 청력을 알아보겠다.

- 15폰 – 인간의 귀가 들을 수 있는 가장 작은 소리다.
- 25폰 – 소곤거리는 대화 소리다.
- 40폰 – 이 이상 소리가 커지면 수면에 방해받는다.

- 50폰 - 한적한 공원은 보통 이 정도의 소리가 측정된다.
- 60폰 - 이 정도의 소리를 들으면 마음이 불안해진다.
- 80폰 - 교통량이 많은 도로의 소음이 이 정도다. 식욕이 떨어지고 두통이 난다.
- 90폰 - 5시간을 계속 들으면 혈압이 높아지고 맥박이 빨라지며 위나 심장에 장애가 나타난다.
- 100폰 - 지하철 소음이다.
- 130폰 - 제트기 소리를 5미터 떨어진 곳에서 듣는 정도다. 이보다 높으면 소음이 아니라 통증에 가깝다.
- 150폰 - 고막이 터진다.

 노인의 귀에 유독 험담이 잘 들리는 이유가 있다?

귀가 어두운 노인 옆에서 '설마 못 들겠지' 하며 그 사람의 험담을 했는데 다 알아들어 곤욕을 치르는 경우가 있다. 노인이 일부러 귀가 잘 안 들리는 척을 한 것이 아니다. 그렇다고 험담만 골라 듣는 초능력을 발휘한 것도 아니다. 상대방의 귀가 아무리 어두워도 험담을 할 때면 저도 모르게 목소리를 낮추게 되는데, 사실 노인들은 낮은 목소리를 의외로 잘 듣는다. 나이가 들어서 귀가 어두워진다는 것은 고주파수의 소리를 잘 못 듣게 된다는 것이다. 저주파수의 소리는 대부분이 정상적으로 포착할 수 있다.

전화기는 오른쪽 귀로 받는 게 더 좋다?

손을 사용하는 제품이나 도구는 대개 오른손잡이를 기준으로 만들어진다. 전화도 마찬가지다. 수화기를 들고 버튼을 누를 때나 통화하면서 메모할 때를 위해 오른손이 자유롭도록 주로 왼손으로 수화기를 집어 들게 되어 있다. 자연스레 왼쪽 귀로 이야기를 듣게 되는데, 사실 인간의 뇌 구조를 생각하면 오른쪽 귀로 듣는 것이 훨씬 좋다. 사람의 뇌는 좌뇌와 우뇌로 나뉜다. 좌뇌는 언어 등 논리적인 영역을 관장하고 우뇌는 감성적인 영역을 관장한다. 전화로 대화하는 것은 좌뇌의 일인데 좌뇌는 오른쪽 귀와 연결되어 있다. 그러므로 오른손으로 수화기를 들어 오른쪽 귀로 상대의 이야기를 듣는 것이 더 좋다.

 쌍꺼풀보다 외꺼풀이 성능이 뛰어나다?

성형수술에서 가장 흔한 것이 쌍꺼풀 수술이다. 그런데 눈의 성능 면에서 보면 외꺼풀이 쌍꺼풀보다 뛰어나다. 외꺼풀은 쌍꺼풀에 비해 눈 피부의 지방이 더 많다. 그래서 외부의 냉기로부터 눈을 보호하고 외부 충격도 완화해준다. 그러므로 외꺼풀 눈이 쌍꺼풀보다 더 튼튼하다. 외꺼풀인 사람이 병으로 아프거나 피로할 때 눈의 지방이 줄어들어 쌍꺼풀이 될 때가 있다. 이것이 외꺼풀이 더 건강하다는 증거다. 이럴 때는 눈이 많이 피곤한 상태이므로 충분한 휴식을 취해 외꺼풀로 돌아갈 수 있도록 해야 한다.

 안약을 떨어뜨릴 때 입이 자동적으로 벌어지는 이유는?

평소에는 입을 크게 벌리지 않는 사람도 안약을 넣거나 콘택트렌즈를 낄 때는 무의식중에 입을 벌리곤 한다. 이것은 눈 주위 근육이 입의 근육과 연결되어 있기 때문이다. 눈 주변에는 안륜근, 입 주변에는 구륜근이 있는데, 안약 등의 자극으로 안륜근이 수축하면 구륜근이 치켜 올라가 입이 벌어진다. 벌어지는 정도는 개인차가 있는데, 자극에 민감한 사람일수록 입을 더 크게 벌린다. 또 평소에 표정이 풍부할수록 크게 벌린다.

 근시인 사람의 각막을 이식하면 근시가 될까?

최근 심장이나 간장 등 장기 이식이 점점 많아지고 있는데, 그중 가장 간단한 것이 각막 이식 수술이다. 그런데 만일 각막 제공자가 근시나 난시라면 어떻게 될까? 이식받은 사람도 근시나 난시가 되는 것은 아닐까 걱정할 만하지만 이 점은 안심해도 된다. 본래 근시나 난시는 눈의 수정체의 초점거리나 각막의 굴절면에 이상이 생겨서 발생한다. 그런데 각막이식에 필요한 것은 투명한 각막뿐이니 근시나 난시 증상까지 옮겨오는 것은 아니다. 근시, 난시는 물론 나이의 영향도 받지 않는다. 각막 자체만 건강하다면 누구나 기증할 수 있다.

선글라스를 항상 끼면 눈에 독이 된다?

선글라스를 쓴 모습이 멋있긴 하지만 온종일 선글라스를 쓰는 것은 눈 건강에 좋지 않다. 눈으로 들어오는 빛의 양이 줄어들어 동공이 계속 열려 있기 때문이다. 그것 자체가 부자연스러운 일인데 이것이 습관으로 굳어지면 선글라스를 벗을 때마다 눈이 부시고 금세 피곤해진다. 참고로 백인들이 유난히 선글라스를 좋아하는 것은 눈동자에 멜라닌 색소가 적어 동양인보다 빛에 민감해서다. 검은 눈동자를 가진 사람이라면 그다지 눈이 부시지 않은 곳에서 선글라스를 쓸 필요가 없다.

 눈썹은 인간에게만 있다. 무슨 역할을 할까?

다른 동물에는 없는 눈썹이 왜 유독 인간에게만 있을까? 우리 몸에서 어떤 역할을 하는 걸까?

첫째, 땀이나 먼지 등 이물질이 눈에 침투하는 것을 막아준다.

둘째, 눈으로 들어오는 반사광을 누그러뜨린다.

셋째, 표정을 드러내는 데 큰 역할을 한다. 얼굴에 나타나는 표정은 인간만이 지닌 가장 큰 특징이자 의사소통 수단이다. 눈썹은 표정 구성에 큰 역할을 하는데, 그래서 눈썹이 없는 사람을 보면 뭔가 이상하다고 느끼게 되는 것이다.

컬러 콘택트렌즈를 껴도 색상이 달라 보이지 않는 건 왜일까?

선글라스는 렌즈 색깔에 따라 경치의 색이 달라 보인다. 그런데 컬러 콘택트렌즈의 경우, 세상이 달라 보이지는 않는다. 어째서일까? 제조사마다 조금씩 다르지만 기본적으로 컬러 콘택트렌즈에서 빛을 감지하는 눈동자의 중심, 즉 동공 부분이 무색이기 때문이다. 혹은 아주 희미하게 색이 들어간 경우는 있지만 사물의 색이 달라 보일 정도는 아니다.

 기쁘면 왜 목소리가 커질까?

진짜 기쁜 순간이 오면 누구나 저도 모르게 "우와!" "야호!" 하며 환호성을 내지른다. 사람은 감동과 기쁨을 가장 먼저 대뇌에 있는 전두엽에 전달하고 거기서 어떻게 반응할지를 결정한다. 전두엽은 이성을 관장하는 곳이라 일단 '주위 사람을 의식해서 지나친 표현은 삼가자' 하는 식의 판단을 내린다. 그런데 감동과 기쁨이 너무 크면 그 감정이 전두엽이 아닌 '대뇌 변연피질'이라는 곳으로 전달된다. 이곳은 즉각적으로 본능에 따른 반응을 지시하는 곳이다. 그렇다 보니 저도 모르게 큰 소리를 내게 되는 것이다.

 아기는 왜 태어나자마자 "응애~" 하고 울까?

아기는 태내에 있는 동안 엄마의 심장 박동을 자장가처럼 들으며 편

안히 있는다. 그런데 세상에 태어나는 순간, 갑자기 그 소리가 사라지는 것이다. 열 달이나 들어 익숙했던 노래가 없어지니 아기에게는 큰 충격이 아닐 수 없다. 그래서 크게 울음을 터트리는 것이다. 이 주장을 뒷받침하는 실험이 있는데, 아기가 태어나기 전에 임신부의 자궁 안에 마이크를 넣어 엄마의 심장 박동을 녹음해둔 후, 갓 태어나 우는 아기에게 들려주었더니 금세 울음을 그치고 잠들었다.

 왜 남성만 변성기를 겪을까?

사춘기에 접어들면 그때까지 미성이던 소년의 목소리가 갑자기 갈라지고 서너 달 후에는 완전히 어른의 목소리로 바뀐다. 생리학적으로 보면 남성 호르몬의 분비가 활발해져 성대가 2배로 커지기 때문인데, 어째서 남성에게만 이런 변화가 일어날까? 사실 변성은 여성에게도 일어난다. 여성은 본래 성대의 길이가 남성의 20퍼센트 정도밖에 되지 않고 길어졌다 해도 남성에 비해 너무 작아서 목소리의 변화가 두드러지지 않을 뿐이다.

 노력하면 고음을 낼 수 있지만, 저음은 낼 수 없다?

인간의 목소리의 음역은 노력에 꽤 넓힐 수 있다. 음역을 좌우하는 것은 성대다. 성대는 인대와 같은 구조로 되어 있어 연습을 통해 튼튼해질 수 있다. 그렇게 되면 진동하는 부분을 짧게 혹은 가늘게 해서 고음역의 목소리를 내게 된다. 그런데 아무리 노력해도 저음은 안 된다. 더 낮은 음역의 소리를 내려면 성대를 길게 하거나 무겁게 해야 하는데 이는 선천적으로 타고나야 해서 아무리 연습해도 불가능한 것이다.

Q **가성은 일종의 기술이다. 어떤 원리일까?**

최근 클래식계에서는 카운터테너(countertenor)라 불리는 남성 가수가 인기를 끌고 있다. 그들은 가성을 이용해 여성 알토보다 높은 소리를 낼 수 있는데, 대체 어떤 테크닉을 쓰는 것일까? 인간의 목에는 공기 조절판에 해당하는 성문(聲門)이 있다. 평소에는 목소리를 낼 때 성대가 잘 진동하도록 성문이 닫혀 있다. 그리고 일상적으로 호흡할 때는 공기의 흐름을 좋게 하기 위해 열린다. 가성은 이 성문의 일부를 열고 일부러 숨을 새어나가게 한 소리다. 이렇게 하면 목 안쪽에서 소리를 공명시켜 독특한 고음을 낼 수 있다. 카운터테너의 미성은 이처럼 엄청난 노력의 결과물이다.

Q **거북한 이야기일수록 전화로 해라?**

이별을 통보하고, 사과하고, 계약을 취소하고……. 살다 보면 상대방에게 거북한 이야기를 해야 할 때가 있는데 이런 이야기는 직접 만나서 하는 것보다 전화로 하는 것이 수월하다. 실제로 어떤 실험에 따르면 직접 만나는 것보다 전화로 논의할 때 타협점을 더 빨리 찾을 수 있었고 토론한 상대방에게 성실하고, 이성적이며, 신뢰할 만하다는 긍정적 인상을 심어줄 가능성이 높았다. 사람은 토론하거나 대화할 때 무의식중에 상대방의 얼굴을 보고 감정을 판단하려 한다. 덕분에 마음이 잘 통하는 경우도 있지만 반대로 감정적이 될 수도 있다. 전화 통화를 하면 이야기 내용에 집중할 수 있고 설령 화가 난다 해도 수화기를 내려놓는 것으로 그 상황을 끝낼 수 있다. 그래서 비교적 쉽게 냉정함을 되찾을 수 있다.

 왜 여성은 남성보다 오래 살까?

어느 나라나 여성이 남성보다 5년 정도 더 오래 사는데, 어째서 그럴까? 출산 여부가 그 이유로 흔히 꼽히는데, 유력한 설은 다음과 같다.

첫째, 남성의 생식기관에서 분비되는 남성 호르몬에 체내 시계를 빨리 돌아가게 하는 유전자가 포함되어 있다는 설.

둘째, 산소독설(酸素毒說). 인간은 산소 없이 살 수 없는데 몸 안에서 이를 연소할 때 일정 비율로 '활성산소'라는 독성 물질이 생겨난다. 남성 호르몬은 여성 호르몬에 비해 활발하게 활동하므로 남성이 더 많은 산소를 태운다. 그만큼 활성산소도 많이 생기고 이것이 남성의 수명을 단축한다는 설이다.

어느 쪽이든 남성의 수명을 줄이는 것은 남성을 남성답게 만드는 남성 호르몬 때문이라 할 수 있다.

 왼손잡이는 수명이 짧다는 연구 결과가 있다?

골프 연습장, 전화, 글 쓰는 방향……. 세상의 거의 모든 것이 오른손잡이에게 유리하도록 만들어져 있어서인지 오른손잡이에 비해 왼손잡이의 수명이 짧다는 설이 있다. 미국 캘리포니아주립대학의 하르판 박사와 그 연구진은 글을 쓰거나 공을 던지는 등 모든 일상 생활을 오른손으로 하는 사람을 오른손잡이, 그 밖의 사람을 왼손잡이라고 보고 각각의 수명을 조사했다. 오른손잡이 그룹의 평균 수명은 75세였는데 반해 왼손잡이 그룹은 66세밖에 되지 않았다. 하르판 박사는 그 이유로 '세상이 전부 오른손잡이에 맞춰져 있어서 왼손잡이가 받게 되는 스트레스'를 꼽았다. 이 연구 결과에 대해서는 반론도 만만치 않지만, 여러 가지 차별로 왼손잡이가 스트레스를 받는 것은 사실이라는 데 많은 사람들이 공감한다.

 수명도 유전이다?

'우리 집안은 대대로 장수한다'라고 말하는 사람이 있는데 수명의 유전에 대해서 다음과 같은 연구 결과가 있다. 일본 신슈대학교 의학부의 요네무라 교수와 연구진이 나가노 현 마츠모토 시 근교의

한 마을에서 가계도를 조사한 결과, 아버지가 장수한 경우 아들은 73.2퍼센트가 장수했고, 어머니가 장수한 경우 딸의 58.3퍼센트가 장수했다는 사실이 밝혀졌다. 아버지의 수명은 아들에게, 어머니의 수명은 딸에게 유전하는 경향이 있다고 한다. 참고로 아들이 장수할 확률이 가장 높은 경우는 아버지가 장수하고 어머니가 단명할 때, 딸이 장수할 확률이 가장 높은 경우는 양친 모두 장수했을 때였다. 반대로 아들이 단명하기 쉬운 경우는 아버지가 단명하고 어머니가 장수할 때며, 딸의 경우는 양친 모두 단명할 때였다.

Q 사람의 수명이 125세라고 보는 근거는?

동물학계에서는 '동물의 수명은 그 동물이 성숙하기까지 걸리는 시간의 5배'라고 본다. 이것은 병이나 부상을 당하지 않고 자연사할 경우의 수명으로 예를 들어 개는 생후 2년 정도면 다 자라므로 그 5배인 10년 정도가 수명이라 할 수 있다. 인간의 경우 25세 정도면 몸이 충분히 성숙하고 그 5배인 125년이 수명이 된다. 물론 예외도 있다. 확실한 기록이 남아 있는 예로, 스코틀랜드의 토머스 파는 152세까지 살았고, 러시아의 무슬리모프라는 남자는 130세 때 56세였던 부인이 딸을 낳았고 1974년 168세의 나이로 사망했다.

첨단기술로 불로불사하는 방법이 있다?

예로부터 불로불사는 권력자의 영원한 관심거리였다. 그런데 고도로 발달한 현대의 생식 기술을 응용하면 이론적으로 불가능한 일도 아니다. 먼저 한 번에 10개 정도 얻을 수 있는 여자의 수정란을 둘로 갈라 한쪽을 냉동 보관하고 다른 한쪽을 자궁에 착상시킨다. 착상한 수정란은 이윽고 태아가 되고 여자 아기로 태어난다. 이 아이가 성인이 되어 냉동해두었던 수정란을 그녀의 자궁에 착상시키면 그 사람은 자기 자신의 어머니가 되는 셈이다. 즉 자신과 똑같은 유전자를 가진 또 한 명의 자신이 세상에 태어나게 된다. 이 과정을 계속 반복하면 그 여성은 영원히 사는 셈이다. 사실 둘은 별개의 개체이므로 기억이 이어지지 않지만 과학이 더욱 발전하여 뇌에 이전 개체의 DNA를 주입하는 기술이 개발되면 의식도 기억도 끊어지지 않는, 영원한 생명을 가진 인간이 탄생할지 모른다.

 장수촌의 3대 조건은 무엇일까?

세계 3대 장수촌의 하나인 에콰도르의 빌카밤바에는 100세 이상의 사람이 인구 10만 명당 372명이나 된다고 한다. 나머지 두 곳은 구소련의 카프카스와 파키스탄의 훈자이다. 이들 3대 장수촌에는 공통점이 있다.

첫째, 경치가 좋은 고원지대다.

둘째, 채소, 과일과 함께 치즈, 버터 등 유제품을 충분히 섭취한다.

셋째, 스트레스가 적고 노인을 공경한다.

세 곳 가운데 두 곳은 겨울이면 영하 20도나 되는 한랭지다. 장수에는 기후보다 더 중요한 요소가 있는 모양이다.

 장수하는 사람의 얼굴은 따로 있다?

세계의 장수촌을 조사해보면 오래 산 사람의 얼굴에는 다음과 같은 특징이 있다고 한다.

첫째, 기미(검버섯)기 이상힐 정도로 많다.

둘째, 입이 크다.

셋째, 인중이 길다.

넷째, 귓불이 도톰하다.

다섯째, 주먹코다.

여섯째, 손발이 작다.

이런 얼굴을 인상학적으로 해석해보면, 가끔 제멋대로이긴 해도 인간미가 있고 주변 사람들로부터 사랑받는 상이라고 한다. 제멋대로 굴어도 사람들이 아껴준다면 스트레스가 없긴 할 것이다.

 성인병에 걸릴지 두 살이면 알 수 있다?

'세 살 버릇 여든까지 간다'는 속담이 있다. 실제로 식습관은 두 살이면 결정된다는 주장이 있다. 미국 루이지애나주립대학교 의과대학의 니콜라스 교수는 두 살 때 지방이 많고 콜레스테롤이 높은 식사를 하던 어린이 중 거의 70퍼센트가 네 살에도 비슷한 식사를 한다는 점을 발견했다. 또 두 살까지 당분을 많이 섭취하던 어린이의 60퍼센트 정도가 네 살이 되어도 역시 당분을 과다 섭취하고 있었다. 게다가 이 아이들 대부분이 네 살 무렵부터 이미 성인과 같은 양의 소금을 섭취하고 있다는 놀라운 사실도 밝혀졌다. 이런 식습관이 어른까지 쭉 이어지는 것은 불 보듯 뻔한 일. 성인병에 걸릴지 여부는 두 살에 이미 결정되는지도 모른다.

 사람의 몸에는 10세부터 늙는 부위가 있다?

남자의 노화는 '이, 눈, 아랫도리' 순으로 진행된다는 말이 있는데 이는 수정이 필요해 보인다. 사실 '눈'이 가장 먼저 와야 한다. 눈은 이르면 10세부터 렌즈 역할을 하는 수정체의 탄력이 노화하기 시작해, 몸의 급성장이 멈추는 10대 후반까지 조절 기능이 급격히 저하된다. 그쯤에 가성근시(假性近視, 책을 너무 가까이 보거나 하여 근시와 비슷한 상태가 된 눈)가 되는 젊은이가 갑자기 증가하는 것이 이 현상을 뒷받침한다.

Q 몸무게 50킬로그램 미만은 어린이라고?

시중에서 판매되는 내복약의 용법, 용량을 보면 '성인(15세 이상)은 식후 1알'처럼 표기된 경우가 많은데, 사실 이 '성인(15세)'은 하나의 기준에 지나지 않는다. 적정 복용량은 나이보다 그 사람의 체격, 엄밀히 말하면 체표면적에 따라 달라져야 하기 때문이다. 체표면적은 거의 몸무게에 비례하므로, 50킬로그램을 기준으로 그 이상일 경우 성인 복용량을 섭취해야 한다. 만약 열네 살 청소년이라도 체격이 좋아 어른만 한 몸집을 가졌다면 어른의 적정량을 복용해야 하고, 반대로 열다섯 살이 넘었어도 몸무게가 50킬로그램 이하면 어린이 용량을 복용하는 것이 좋다.

Q 사람의 키가 가장 커지는 나이는 몇 세일까?

사람은 스무 살쯤에는 성장이 멈추는 것처럼 보인다. 그런데 25세를 넘어도 아주 약간씩 성장은 계속되고 35~40세 무렵이면 신장이 최고치에 달한다. 그리고 나서 관절이나 척추, 연골 등이 움츠러들어 10년마다 약 1센티미터씩 키가 작아진다.

Q 나이가 들면 남성은 왜 소변을 오래 볼까?

남자는 공중 화장실에서 젊은이와 나란히 서서 소변을 볼 때 자기가 훨씬 오래 걸리는 것을 알았을 때 스스로 늙었다고 느낀다고 한다. 이것은 어쩔 수 없는 생리 현상이다. 남성은 나이를 먹으면 방광 밑에 있는 전립선이 차츰 비대해져 요도가 가늘어진다. 그래서 소변이 천천히 나오는 것이다. 젊은이의 경우, 방광에 꽉 찬 소변(350~400시시)을 모두 내보내는 데 대략 20초가 걸리지만, 60세를 넘으면 1~3분은 걸린다. 한편, 전립선이 방광 아래 있는 것은 남성뿐이다. 그래서 여성은 아무리 나이를 먹어도 오줌발이 약해지지 않는다.

 나이 들면 아침잠이 없어지는 까닭은?

나이가 들면 대부분 아침 일찍 눈이 떠진다. 이것은 인간의 수면 구조 때문이다. 인간은 얕은 잠인 '렘수면'과 깊은 잠인 '논렘 수면'을 반복하며 잔다. 건강한 사람은 하룻밤 동안 4~5회 반복하는데 그중 렘수면은 전체의 약 20퍼센트를 차지한다. 그런데 나이가 들면 수면 패턴이 흐트러져 얕은 잠인 렘수면 시간이 길어지고 논렘 수면이 점차 줄어든다. 그래서 작은 소리에도 눈이 떠지고 아침이 오는 것에 민감히 반응해서 일찍 눈을 뜨는 것이다.

 80세까지 정신이 맑으면 100세 장수의 가능성이 보인다?

누구나 되도록 맑은 정신으로 오래 살고 싶어 한다. 그런데 오래 산다고 무조건 치매에 걸리거나 자리보전하게 되는 것은 아니다. 100

세 이상 장수자를 조사한 결과, 자리보전을 하는 노인은 의외로 매우 적었다. 치매 또한 가장 많은 것은 65~78세였다. 그 이상 오래 산 사람 중에는 치매 환자가 별로 없었다. 결국 인간은 80세까지 몸져눕지 않고 맑은 정신을 유지하면 그대로 100세까지 건강하게 살 확률이 높다는 것이다. 건강하게 장수하려면 80세가 고비인 셈이다. 바꿔 말하면 80세 이전에 몸져눕거나 치매에 걸리면 장수하기 어렵다고 할 수 있겠다.

 나이 들면 옛날 일을 자꾸 떠올리는 까닭은?

노인들 중에는 50여 년 전의 일을 마치 어제 일처럼 이야기하는 사람이 있다. 그러면서 오늘 점심때 메뉴를 떠올리지 못하기도 한다. 인간의 기억력은 세 종류로 나누어볼 수 있다. 예전의 기억을 유지하는 '유지력(維持力)', 새로운 것을 기억하는 '기명력(記名力)', 필요한 기억만 끄집어내는 '상기력(想起力)'이다. 젊을 때는 모두가 활발히 작용하지만 나이가 들면 대개 기명력과 상기력이 저하한다. 그래서 옛날 일은 선명히 떠올리면서 최근의 일은 자꾸 잊게 되는 것이다. 가장 최근의 일이 가장 기억이 잘 나는 것은 아니다.

 인간의 오감 중에 마지막까지 가장 건강한 기관은?

인간에게는 시각, 청각, 후각, 미각, 촉각의 오감이 있다. 이 가운데 가장 빨리 노화하는 것은 시각이다. 중학생만 되어도 안경 끼는 사람이 훨씬 많다. 시력은 10세 전후가 정점이다. 그다음이 청각, 20세를 정점으로 청각이 쇠퇴하고 29세부터는 미각도 약해지기 시작한다. 그리고 가장 늦게까지 남는 것이 촉각으로, 60세가 되어도 젊은 시절과 비슷하게 민감하다.

Q 왜 머리에만 혹이 생길까?

머리나 이마를 딱딱한 곳에 부딪히면 피부가 찢어지지 않아도 피하에 상처가 생긴다. 피부 밑에서 출혈이 일어나거나 혹은 그 상처를 치유하기 위해 혈액, 혈장이 모여든다. 이것이 부풀어 올라 혹이 생긴다. 한편, 엉덩이나 배는 아무리 세게 맞아도 혹이 생기지 않는다. 이렇게 지방과 근육으로 이루어진 비교적 부드러운 부위는 피하 혈관이 찢어져 피가 나도 멍드는 데 그친다. 하지만 머리나 이마는 피부 바로 밑에 딱딱한 뼈가 있어서 새어 나온 혈액과 혈장이 갈 곳이 없다. 이것이 뼈와 피부 사이에 고이면서 부풀어 혹을 만든다.

Q 신장결석에 걸렸을 때 몸에 생기는 '돌'은 실제로도 돌일까?

인간의 몸에서 나오는 것에는 이산화탄소와 땀, 그리고 대변, 소변 등이 있다. 그중에 참으로 진기한 물질도 있다. 신장 등에 생기는 '돌'이다. 신장결석 혹은 '돌이 쌓였다'라고 하는데, 이것은 광물학적으로 보아도 역시 돌일까? 인간의 몸에 생기는 이 돌은 '생체광물'이라고 하여 자연계에 존재하는 '천연광물'과는 구분된다. 자연계 속 천연광물은 보통의 온도와 기압에서도 생기고 고온, 고압의 조건에서도 생기는데 생체광물은 오로지 인간의 체온에 의해서만 생겨난다. 이런 신장결석에는 여러 가지 종류가 있다. 대개는 인회석으로, 자연계에 존재하는 것과 큰 차이가 없지만 개중에는 아미노산의 일종이 굳어서 생기는 것도 있다. 이런 것은 자연계에는 존재하지 않는다.

 주사에도 종류가 있고, 각각 통증의 정도도 다르다?

주사의 종류는 크게 정맥주사, 피하주사, 근육주사로 나뉜다. 그중에서 가장 아픈 것이 근육주사다. 피부의 통점(痛點)을 강하게 자극하고 근육을 감싸고 있는 근막의 통점까지 자극한다. 근육주사는 통점을 두 차례나 자극하는 셈이다. 또 근육 내에서는 주사액이 잘 퍼지지 않아 주사를 놓은 후에도 욱신거리는 통증이 오래간다. 주사의 종류뿐만 아니라 사용하는 주사액에 따라서도 통증이 다르고 주사를 놓는 사람의 실력에 따라서도 꽤 차이가 있다. 미숙한 의사나 간호사를 만나면 비교적 통증이 약한 정맥주사라도 근육주사 못지않게 아플 수 있다.

'묽은 피'란 의학적으로 어떤 상태일까?

'피가 묽다'는 표현이 있다. 이런 사람은 헌혈도 하지 못하고 여러 가지 문제에 부딪친다. 피가 묽다는 것은 의학적으로 어떤 상태일까? 혈액의 농담은 의학적으로 '혈액 비중'에 따라 결정된다. 혈액 비중이란 물의 무게를 1로 했을 때, 같은 양의 혈액 무게를 말한다. 이것은 적혈구 수치와 관계가 있다. 진한 피, 요컨대 비중이 큰 피는 적혈구가 많다. 묽은 피는 그 반대다. 일반적으로 남성이 여성보다 비중이 높다. 피를 진하게 만들려면 매일 균형 잡힌 식사를 하고 적절한 운동과 수면을 취해야 한다. 그것만으로도 혈액 상태는 꽤 좋아질 수 있다.

전염되는 감기와 전염되지 않는 감기가 있다?

바이러스성 감기는 다른 사람에게 쉽게 전염된다. 그러나 모든 사람이 감염되는 것은 아니다. 비교적 면역력이 약한 어린이, 저항력이 약한 고령자, 수면 부족이나 과로 등으로 체력이 떨어진 사람은 바이러스에 전염되기 쉽다. 한편 옮지 않는 감기는 증상은 감기와 같지만 알고 보면 알레르기 증상일 수 있다. 재채기, 코 막힘, 발열, 두통, 기침, 목의 통증 등 증상은 감기와 비슷하지만 바이러스성 질병이 아니다. 이런 증상으로 병원에 가면 의사는 감기라고 진단하기 쉬운데, 알고 보면 큰 병의 전조 증상일 수 있어 항상 주의를 기울여야 한다.

땀을 흘려야 감기가 떨어진다는 속설은 과학적 사실일까?

감기는 바이러스가 사라지지 않는 한 완전히 나았다고 할 수 없다. 땀을 흠뻑 흘린다고 감기가 나을 리 없는 것이다. 그럼 어째서 '땀을 흘려야 감기가 낫는다'라는 말이 있을까? 감기에 걸렸을 때, 어떤 상황에서 땀을 흘리는지 생각해보자. 감기 환자는 땀을 빼기 위해 따뜻한 방에서 이불을 푹 덮어쓰고 누워 있는데 사실 이것은 땀을 빼는 상황이라기보다 충분한 휴식과 수면을 취하는 것이다. 아직까지도 감기 바이러스 특효약은 없다. 역시 바이러스를 이기려면 휴식과 수면이 최고의 약이다.

 내출혈한 피는 어디로 사라질까?

몸을 세게 부딪히면 시퍼런 멍이 든다. 맞은 부위에 내출혈이 일어났기 때문이다. 내출혈은 외부 충격에 의해 혈관이 찢어졌지만 피부는 찢어지지 않았을 때 출혈이 피부 아래 머무는 상태를 말한다. 그러므로 피는 몸 밖으로 흘러나오지 않고 피부 아래 조직 내에 머무르다가 서서히 세포 속으로 흡수된다. 그래서 시간이 지날수록 멍도 차차 사라지는 것이다.

 식후에 바로 뛰면 옆구리가 아프다. 왜일까?

식사 후 바로 운동을 하면 배, 특히 옆구리 쪽이 아프다. 왜 그럴까? 우선 배의 측면이라고 해도 한가운데에서 가까운 위치가 아프다면 갑작스러운 운동으로 위장의 상태가 나빠진 탓이다. 위장이 음식을 소화하는 동안 격렬한 운동을 하면서 위장의 상태가 흐트러진 것이다. 한편 왼쪽 옆구리가 아프다면 위장보다는 비장(脾臟)에 원인이 있을 수 있다. 비장은 낡은 적혈구를 처리하거나 림프구를 만드는 곳인데 식후에 특히 바쁘게 움직인다. 식사 후 바로 운동을 하면 비장의 기능이 흐트러져서 아픈 것이다.

 수영하다 보면 쥐가 자주 난다. 그 이유는 무엇일까?

수영하다 보면 종종 쥐가 난다. 특히 수영을 잘 못 하는 사람에게 자주 일어난다. 흐트러진 호흡이 쥐의 주요한 원인이기 때문이다. 수영에 미숙한 사람은 물속에서 하는 호흡을 가장 힘들어 한다. 뭍에서 생활하는 인간에게 물속에서 호흡을 이어가기란 쉬운 일이 아니다. 숨이 차서 허둥지둥 물 밖으로 얼굴을 내밀고 숨을 한가득 들이키게 마련이다. 그러면 혈액 속 탄산가스가 갑자기 줄어들어 근육 움직임의 균형이 흐트러지고 경련을 일어난다. 이것이 쥐가 나는 메커니즘이다. 쥐가 나는 것을 피하려면 우선 준비운동을 충분히 해야 한다. 특히 근육을 갑자기 늘였을 때 쥐가 나기 쉬우므로 미리 근육을 늘려주는 동작을 중심으로 한다. 그다음으로 수영 호흡법에 익숙해져야 한다.

의사는 왜 환자의 가슴을 두드릴까?

의사가 환자를 진료할 때 가슴을 톡톡 두드리는 것은 폐의 상태를 확인하기 위해서다. 경험이 많은 의사는 그 소리만으로 폐의 상태를 알고 늑막염, 폐렴 같은 질병을 찾아낼 수 있다. 이 타진법(打診法)을 맨 처음 도입한 것은 오스트리아의 레오폴트 아우엠부르거라는 의사였다. 18세기 중반, 어느 하숙집 아들로 태어난 그는 어렸을 때부터 술통을 통통 두드려 남아 있는 술의 양을 알아내곤 했다. 통 속 공기의 양에 따라 소리가 달라지는 것을 경험적으로 알았던 것이다. 후에 의사가 된 그는 이것을 환자 진료에 응용했고, 폐를 두드려 들리는 소리로 흉강 속 공기의 양이나 폐의 상태를 알 수 있음을 증명하는 논문을 발표했다.

 세상에는 만병이 있다?

질병의 계통 분류가 처음으로 이루어진 것은 17세기 영국이다. 18세기 들어서는 이미 2천4백여 건의 질병이 보고되었다. 지금은 세계보건기구(WHO)가 '국제 질병 분류'를 정하고 각국의 질병 통계는 이것을 기준으로 이루어진다. 이에 따르면 질병의 수는 1934년 3천 5백여 건, 1954년에는 7천 건 정도였다. 그 뒤에도 새로운 질병이 꾸준히 늘었고 최신의 국제 질병 분류에 따르면 그 수가 자그마치 1만여 건에 달한다.

대머리는 아랫도리에도 터럭이 없을까?

사람이 나이 들어 머리가 하얘지면 아랫도리의 터럭도 하얗게 변하는 경우가 많다. 그러면 머리카락이 빠지는 남성은 아랫도리의 터럭도 덩달아 빠질까? 대답은 '아니다'이다. 머리카락은 여성 호르몬의 작용으로 자란다. 반면 음모(陰毛)는 남성 호르몬이 담당한다. 나이를 먹으면 여성 호르몬의 분비가 줄어 탈모가 일어날 수 있지만 남성 호르몬이 있는 한 아랫도리의 터럭까지 사라지지는 않는 것이다.

 상상임신만으로도 배가 불러오는 까닭은?

상상임신은 실제 임신이 아닌데도 여성이 상상임신을 하면 생리가 멎고 입덧을 한다. 갑자기 신맛 나는 것이 먹고 싶기도 하고 이윽고 배까지 불러올 수 있다. 상황만 봐서는 임신이 틀림없다. 이런 증상은 임신을 바라는 마음이 간절하거나 반대로 임신 공포증이 있는 사람에게 잘 나타난다. 그렇다면 실제로 아기가 생기지 않았는데도 왜 배가 부푸는 것일까? 결론부터 말하자면, 그냥 살이 찌는 것이다. 즉 아기 대신 지방이 배를 불린다. 상상임신을 하면 호르몬 분비에 이상이 생기고 지방의 신진대사가 저하된다. 게다가 '임신했으니 몸보신을 해야 한다'라며 든든히 먹다 보니 점점 살이 찔 수밖에. 이것이 상상임신의 정체다.

6

맛과 재미가 있는

음식 상식

:

:

인생에서 성공하는 비결 중 하나는
좋아하는 음식을 먹고 힘내 싸우는 것이다.

– 마크 트웨인(Mark Twain), 소설가

Q 샤브샤브용 냄비에는 왜 기둥이 가운데 있을까?

샤브샤브 요리 전문점에 가
면 구리 재질에 가운데가 원
기둥으로 솟아 구멍이 뚫린
냄비를 볼 수 있다. 중국에
서 넘어온 양고기용 샤브샤
브 냄비인데 원기둥이 단순

샤브샤브 냄비

한 장식은 아니다. 그 기둥 덕분에 물 온도가 일정해지고 샤브샤브
를 더 맛있게 먹을 수 있다. 기둥이 없는 일반 냄비는 불기운을 냄
비 바닥으로만 받는다. 그래서 위치에 따라 물 온도가 달라지지만
구멍 난 기둥이 있으면 열기가 훨씬 골고루 전달된다. 게다가 구리
재질은 열전도가 뛰어나다. 그만큼 냄비 속 물의 온도가 일정하게
유지되는 것이다.

Q 소의 양깃머리 부위를 구입하기 점점 힘들어지는 까닭은?

고기 하면 갈비, 안심, 양지 등 다양한 부위가 있고 양깃머리(양, 소
의 제1위) 같은 내장 부위도 인기가 많은데 요즘 질 좋은 양깃머리가
드물어지고 있다고 한다. 옛날에는 소가 초원에서 풀을 뜯고 한가
로이 되새김질하면서 거친 섬유질을 커다란 위장에서 천천히 소화
했다. 하지만 요즘 소는 소화가 잘되는 사료를 주로 먹기 때문에 하

루 종일 되새김질할 필요도 없고 커다란 위장이 필요 없어졌다. 그러다 보니 양깃머리, 즉 위의 크기가 줄어들어 공급량이 계속 줄어들고 있는 것이다.

 오징어 먹물 스파게티는 있는데, 왜 문어 먹물 스파게티는 없을까?

스파게티 소스에는 여러 가지가 있다. 그중에서도 마니아들이 즐기는 오징어 먹물 스파게티. 처음에는 색깔 때문에 주저하게 되는 이 소스는 맛이 독특하다. 그런데 왜 문어 먹물 스파게티는 없을까? 오징어 먹물은 점착력이 있어서 소스로 쓰기에 좋지만 문어 먹물은 점착력이 없어 흐트러지기 때문에 면에 잘 묻지 않는다. 이렇듯 문어 먹물과 오징어 먹물의 성질이 다른 것은 그 용도가 달라서다. 문어는 잘 퍼지는 먹물로 바닷물을 검게 만들어 적의 시선을 흐리게 한다. 반면, 오징어가 내뿜는 끈적한 먹물은 바닷물에 풀리지 않고 검은 덩어리가 되어 물속을 떠다닌다. 천적이 이것을 오징어로 착각하게 하려는 것이다. 문어 먹물은 연막 작전용, 오징어 먹물은 허수아비 작전용인 셈이다.

 밀가루는 왜 반드시 종이봉투에 담아 팔까?

비닐봉투의 전성기인 이 시대에 밀가루만은 아직 종이봉투에 담겨 나온다. 이는 밀가루의 생명인 '글루텐(gluten)'을 보호하기 위해서다. 글루텐은 밀가루를 밀가루답게 만들어주는 단백질로, 밀가루가 우동이나 빵이 될 수 있는 것도 글루텐의 점성 덕분이다. 강력분, 중력분, 박력분 등으로 구분해 부르는 것은 글루텐 양의 많고적음의 차이를 표시한 것이다. 그런데 글루텐은 끊임없이 외부 공기와 접촉하지 않으면 굳어버리는 성질이 있다. 그래서 밀가루는 통기성이 좋은 종이봉투에 담아야 한다.

 구워서 만든 빵을 다시 구워 먹는 토스트가 만들어진 이유?

밥은 한 번 지으면 다시 지어서 먹지 않는다. 그런데 식빵은 다르다. 오븐에서 구워 만든 빵을 토스터에서 한 번 더 굽는 것이 보통이다. 왜 이런 수고를 들일까? 여기에는 이유가 있다. 갓 구워낸 식빵은 부드럽고 폭신폭신해서 그냥 먹어도 맛있다. 날 것이던 전분이 열 때문에 끈적끈적해졌기 때문이다. 그런데 빵이 식으면 전분이 노화되어 딱딱해지며 원래의 상태로 돌아가버린다. 그 상태로는 맛이 좋지 않기 때문에 한 번 더 구워서 전분을 다시 끈적끈적한 상태로 만들어 먹는 것이다.

 왠지 옛날 우유가 더 맛있게 느낀다면 무엇 때문일까?

나이 든 사람 중에는 "옛날 우유가 더 진하고 맛있었지!" 하며 그리

위하는 경우가 꽤 있다. 그런데 이것은 단순한 착각이다. 우유의 맛을 좌우하는 우유의 유지방이 오히려 10년 전보다 0.2퍼센트 정도 증가했기 때문이다. 그럼 왜 이런 착각을 하게 될까? 옛날 우유는 골고루 섞이지 않아서 유지방분이 위쪽에 떠 있었다. 진한 첫 모금의 인상이 남아서 그때의 우유가 더 맛있다고 생각하는 것이다. 이에 반해 요즘 우유는 유지방이 엉김 없이 고르게 잘 섞여 있어 조금 싱겁게 느껴진다.

 녹차는 왜 종류에 따라 물 온도를 달리해야 할까?

고급 녹차일수록 물 온도를 낮게 해서 우려야 한다. 예를 들어 녹차의 최고봉이라 불리는 옥로(玉露)는 그 맛의 비밀이 테아닌 등의 아미노산류에 있다. 옥로 잎에서 아미노산이 우러나는 것은 50도 전후다. 그보다 뜨거우면 떫고 쓴맛의 원인이 되는 타닌(tanin)까지 우러나버린다. 다음으로 전차(煎茶)는 고급품이 70도, 보통품은 90도가 적당하다. 전차에는 타닌이 많이 함유되어 있어 물이 뜨거우면 타닌이 너무 많이 우러나 쓴맛이 강해진다. 마지막으로 번차(番茶)의 경우, 끓는 물이 가장 좋다. 타닌이나 아미노산류의 함량이 적어 물이 끓을 정도로 뜨거워야 제맛이 나기 때문이다.

어떤 물이 가장 맛있을까?

생수(미네랄 워터)에는 다양한 종류가 있다. 산에서 솟는 물, 계곡물 등 모두 자연의 은혜를 상품화한 것인데 예로부터 이런 천연수는 다음처럼 구분하곤 했다. 가장 맛있는 물이 산수(山水)고, 그다음으로는 가을 빗물, 강물, 우물물이다. 특히 산수에는 물맛을 좋게 하는 미네랄과 탄산가스가 많이 들어 있다. 참고로 등산 도중 계곡물을 마셔도 안전한 것은 태양 빛에 살균 효과가 있어서다. 게다가 불어오는 바람이 계곡물의 성분을 산화, 침전시킨다. 또 계곡 바닥의 모래에 섞여 있는 실리카(silica)라는 물질이 물을 여과해준다.

 상한 와인을 가려내는 방법은?

와인의 품질을 판별하려면 우선 병을 들어 빛에 비춰보자. 색이 탁하면 변질되었을 가능성이 크다. 다음으로 상표나 병 입구의 청결 상태를 체크한다. 그 부분이 지저분한 것은 운송 중 품질 관리에 문제가 있었을 가능성이 높다. 마지막으로 와인의 양에 주목한다. 코르크 마개 아래 1~2센티미터까지 와인이 차 있어야 하는데, 그 이하로 내려가 있는 것은 사지 않는 게 좋다. 온도 변화로 와인이 팽창하여 새버렸거나 코르크가 말라서 와인이 휘발한 증거로 볼 수 있으니 당연히 와인이 산화했다고 보아야 한다.

Q 음식에 소금으로 간하기가 왜 어려울까?

어느 나라 요리든 소금간은 정말 쉽지 않다. 조금 모자라면 허전하고 심심한 맛이 되고 조금 많으면 짜서 먹기 힘든 요리가 된다. 소금간이 어려운 것은 짠맛이 맛있게 느껴지는 미각의 범위가 대단히 좁기 때문이다. 그리고 소금은 단순히 짠맛만 조절하지 않고 재료 본연의 맛을 끌어올리는 역할을 하기 때문에 한층 조절이 어렵다. 요리별 적정한 소금의 양을 살펴보자. 국 끓일 때나 데칠 때는 0.9~1퍼센트, 반찬용 찜류는 1.5~2퍼센트, 채소 샐러드는 1퍼센트 전후가 적당하다. 무엇보다 요리할 때는 소금을 처음부터 듬뿍 넣지 말고 조금씩 맛을 보며 넣는 것이 좋다.

Q 신 음식은 그냥 보기만 해도 몸에 좋다?

신 김치라는 글자만 봐도 입에 침이 고일지 모른다. 새콤한 음식을 보거나 상상하면 침이 솟는 것은 일종의 조건반사인데, 침은 사실 건강에 정말 좋다. 일반 성인은 하루에 약 1리터의 침을 분비한다. 침은 대부분 물이며 그 밖에 무틴, 요소, 아미노산, 나트륨, 칼륨, 칼슘 등의 무기염, 아밀라아제, 말타아제, 리파제, 옥시타제 등의 효소가 0.05퍼센트 정도 함유되어 있다. 이들 고형 성분은 우리 몸에 유익한 기능을 하는데, 예를 들어 침샘에서 분비되는 염화나트륨은 침에 포함된 아밀라아제를 활성화한다. 아밀라아제는 생명

유지에 꼭 필요한 효소다. 이렇듯 침이 많이 나오면 건강에 좋다. 그러니 새콤한 음식은 먹지 않고 보는 것만으로 몸에 유익하다.

 아재는 식도락가가 될 수 없다. 그 이유가 무엇일까?

이른바 미식가라는 사람 중에는 중년 이후 세대가 많다. 일류 요리점이나 레스토랑에서 식사를 해봐야 알 수 있는 맛이 있는데, 그러려면 어느 정도 경제적 여유가 있어야 한다. 따라서 젊은이보다 중년 이상의 나이대에 미식가가 많다. 하지만 나이를 먹을수록 미각이 쇠퇴한다는 점에서 진정한 식도락가라고 하기 어렵다. 음식의 맛은 혀로 느낀다. 혀의 표면에는 까칠까칠한 돌기가 무수히 나 있다. 그 돌기 속에는 미뢰라고 하는 맛을 감지하는 안테나가 250여 개나 있는데 이것은 젊었을 때의 이야기다. 노년기가 되면 그 수가 절반으로 줄어든다.

 미각은 음식 맛을 즐기기 위해서만 있는 게 아니다. 진짜 임무는 따로 있다?

미각이란 4가지 기본 맛, 즉 단맛, 짠맛, 쓴맛, 신맛을 느끼는 감각을 말한다. 그런데 미각은 오로지 맛을 즐기기 위해 존재하는 것이 아니다. 생명을 유지하고 또 위험을 피하는 중요한 역할을 한다. 젖먹이 아기는 단맛만 느끼는데, 이는 단맛이 몸의 성장에 꼭 필요한 영양소와 밀접한 관계가 있기 때문이다. 그다음 짠맛을 알게 된다. 짠맛은 혈액 속 나트륨을 유지하는 데 빠질 수 없는 요소다. 마지막으로 생기는 것이 신맛과 쓴맛을 감지하는 능력이다. 유독물 중에는 이 맛들이 나는 것이 많다. 입에 넣은 음식이 쓰면 반사적으로 뱉어내는 능력은 인간이 살아가는 데 정말 중요한 것이다.

곤약은 손으로 찢어야 더 맛있다?

곤약은 식칼로 자르면 맛이 없어지는 신기한 식재료다. 원래 아무 맛이 안 나는 곤약이지만 칼이 닿으면 금속 냄새가 배고 만다. 그래서 곤약은 칼로 썰지 말고 손으로 찢어야 한다. 그러면 잘린 면의 표면적이 커져서 요리할 때 맛이 더 잘 스며든다. 모양이 들쑥날쑥해서 다소 예쁘지 않더라도 맛은 훨씬 나아진다. 또 손으로 찢으면 혀에 닿는 감촉도 더 좋아진다. 이런 이유로 곤약은 칼로 반듯하게 썰면 안 되는 재료다.

쇠고기도 생선처럼 제철이 있다?

생선과 채소에 제철이 있는 것처럼, 소고기에도 철이 있다. 가을이 천고마비의 계절이라 하니 소도 덩달아 살이 올라 맛있어지는 걸까? 그런데 쇠고기가 가장 맛있는 것은 한겨울이다. 왜일까? 소는 가을이면 식사량을 듬뿍 늘려 지방을 비축해서 겨울철 추위에 대비한다. 지방만 늘어난 이 상태보다 그 지방을 포함한 고기가 성숙하는 이듬해 2월이 가장 맛있다.

 스테이크를 숯불에 구우면 더 맛있어지는 까닭은?

한 대학교 식품학 연구실에서 다음과 같은 실험을 했다. 품질, 무게, 크기 면에서 똑같은 고기 두 조각을 동일한 화력으로 동일한 시간 동안, 가스불과 숯불에서 각각 구워보았다. 그러자 가스불에 구운 고기는 표면 온도가 85도일 때 속은 35도밖에 되지 않았다. 숯불의 경우 겉이 85도일 때 속은 55도였다. 내부 온도가 가스불보다 20도나 더 높다. 숯불에 구우면 고기 속까지 불기운이 잘 스며드는 것이다. 같은 화력인데 이렇게 차이가 나는 것은 가스불과 숯불의 적외선 강도가 다르기 때문이다. 고구마를 돌에 구울 때 맛있게 익는 것과 마찬가지 원리로, 숯불이 뿜어내는 적외선이 두꺼운 스테이크의 속까지 고르게 익혀주는 것이다.

 식재료의 소금기를 빼야 할 때는 소금물에 담그면 된다. 그 이유는?

이상하게 들리겠지만 식재료의 소금기를 빼는 가장 좋은 방법은 소금물에 담그는 것이다. 이는 예로부터 내려오는 조리 비법이다. 이 방법은 '삼투압의 원리'를 응용한 것이기도 하다. 간단히 말해 농도가 다른 2가지를 붙여놓으면 농도가 서로 비슷해진다. 소금물의 농도가 식재료의 소금 농도보다 낮으면, 두 농도가 같아질 때까지 식재료 속 소금기가 빠져나간다. 어느 정도 지난 후 농도가 옅은 소금물로 갈아주면 소금기를 더 뺄 수 있다. 정말 과학적인 조리 방법이다.

 문어는 암컷이 더 맛있다. 과연 어떻게 구분해야 할까?

아는 사람만 아는 이야기지만, 문어는 수컷보다 암컷이 더 맛있다. 수컷은 암컷에 비해 몸이 딱딱하고 암컷의 살은 폭신하고 부드럽다. 그럼 어떻게 문어의 암수를 구분할까? 여기에는 확실한 요령이 있다. 문어 다리에는 빨판이 있는데 큰 것부터 작은 것까지, 빨판이 크기 순서대로 가지런히 나 있는 것이 암컷이다. 반대로 빨판의 크기가 들쭉날쭉 불규칙한 것은 수컷이다.

 그물로 잡은 꽁치가 맛이 없는 까닭은?

요즘 꽁치는 별로 맛이 없다. 꽁치잡이 방식이 옛날과 다르기 때문이다. 옛날에는 그물 속에 흘러들어온 꽁치의 머리가 그물코에 꽉 끼어 옴짝달싹 못 하게 해서 잡아 올렸다. 요즘은 큰 그물을 쳐놓고 환하게 불을 밝힌 후 빛을 보고 몰려든 꽁치를 한꺼번에 끌어올린다. 옛날 방식과 달리 꽁치가 이리저리 움직이다 보니 비늘이 떨어지고, 떨어져 나간 비늘을 다른 꽁치가 삼킨다. 이런 과정에서 꽁치에 상처가 나고 내장이 까칠까칠해져서 맛이 없어지는 것이다.

 복어회는 종잇장처럼 얇게 썰어서 먹는다. 비싸서가 아니라 그래야 더 맛있어서다?

복어회를 얇게 저미듯 써는 것은 단순히 가격이 비싸서가 아니다. 복어는 얇게 썰어야 제맛을 낸다. 원래도 꼬득꼬득 탱탱하게 수축해 있는 살을 두껍게 썰면 딱딱해서 마치 말린 오징어 같이 되어버린다. 그러면 복어 본래의 감칠맛을 느낄 수 없다. 그래서 복어회는 할 수 있는 한 얇게 썰어 먹어야 한다. 한편 살이 부드러운 참치 같은 붉은 살 생선은 얇게 썰면 씹는 맛이 없다. 그래서 두툼하게 써는 것이다.

 도미는 썩어도 정말 맛있을까?

일본에는 '썩어도 도미'라는 말이 있다. 과연 썩은 도미를 정말 먹을 수 있을까? 정답은 '그렇다'이다. 도미는 수심 30~150미터에서 산다. 가까운 바다치고는 상당히 깊은 편이다. 그래서 상대적으로 높은 수압을 받으며 살다 보니 세포막의 외막이 꽤 단단하다. 즉, 몸에 상처가 나도 세균이 침입하기 어려운 구조다. 죽은 뒤에도 세균이 잘 들어가지 못하니 쉽게 썩지도 않는다. 그래서 정확히 말하면 '썩어도 도미'가 아니라 '잘 썩지 않으니까 도미'다. 시간이 지나면 날것으로 먹기 어려워도 잘 씻어 불에 익히면 먹을 수 있다.

 생선회는 저녁에 먹어야 맛있다?

저녁에 먹는 회가 더 맛있다는 이야기는 인간의 후각과 관련이 있다. 후각이 가장 민감할 때는 아침이고, 오후가 될수록 무뎌진다. 요컨대 저녁에는 조금 덜 싱싱한 생선을 먹어도 비린내를 잘 못 느껴서 맛있게 먹을 수 있는 것이다.

 물고기는 씻을수록 맛있어진다?

요리사는 발라낸 생선살을 물에 씻는다. 특히 흰살 생선은 여러 번 정성스레 씻어낸다. 그래야 더 맛있어지기 때문이다. 이는 흰살 생선의 근육 속에 함유된 ATP(아데노신삼인산)라는 물질 때문이다. 이 성분은 찬물에 닿으면 근육을 수축시키는 성질을 갖고 있다. 그래서 찬물에 씻으면 씹는 맛이 더 좋아지는 것이다.

 아무리 배가 불러도 더 먹을 수 있는 까닭은?

'밥 배 따로, 디저트 배 따로'라며 식사 후 곧장 디저트나 커피 등을 즐기는 사람이 많다. 대체 위장 어디에 그런 자리가 남아 있을까 싶지만 사실 포만감과 식욕은 별개이다. 포만감은 공복 시 떨어져 있던 혈당치와 체온이 식사를 통해 올라가면서 뇌가 '이제 배가 부르다'라고 신호를 보내오는 것이다. 그러므로 배가 부른 것과 배 속 위장에 음식이 더 들어갈 자리가 남았는지는 별 관계가 없다. 아무리 뇌에서 포만감의 신호를 보내도 먹을 의지와 식욕이 있는 사람이 많다. 식욕은 맛있는 음식을 향한 욕망이니까.

 감자, 고구마는 돌 위에서 천천히 구우면 왜 더 맛있을까?

겨울이면 우리의 식욕을 자극하는 길거리 음식, 군고구마. 그런데 감자, 고구마는 돌에 구우면 더 맛있는데, 왜 그럴까? 돌 위에서 천천히 구우면 아밀라아제라는 효소의 작용이 활발해지고 고구마의 전분이 당분으로 변하기 때문이다. 참고로 고구마를 전자레인지에 데우거나 불 위에 직접 구우면 고구마가 너무 빨리 익기 때문에 아밀라아제가 활약할 시간이 없다. 그래서 퍽퍽하고 맛없는 고구마가 되어버린다. 게다가 돌에서 천천히 구운 고구마는 껍질이 바삭하게 익어 피라진(pyrazine)이라는 구수한 냄새를 풍긴다. 그러므로 집에서 군고구마를 해 먹을 때는 적어도 오븐을 이용하자. 고구마를 되도록 수북이 넣어 오랜 시간 천천히 굽는 것이 비결이다.

 달콤한 단팥죽에 소금을 넣는 까닭은?

사람은 두 종류의 다른 자극을 동시에 받을 때 강도가 더 센 쪽의 자극을 한층 강하게 느낀다. 이것을 '대비현상'이라고 한다. 단팥죽을 만들 때 소금을 살짝 치는 것도 이 대비현상을 응용한 것이다. 약간의 소금은 전체 맛에 별 영향을 주지 않지만 인간의 미각에는 변화가 일어난다. 소금을 살짝 넣어 대비현상이 일어나면 설탕의 단맛이 더 강하게 느껴지는 것이다.

 칵테일은 원래 맛없는 술을 맛있게 마시는 방법이었다?

나라마다 그 나라를 대표하는 술이 있다. 프랑스는 와인, 영국은 위스키, 독일은 맥주, 러시아는 보드카, 일본은 정종. 그러면 미국은? 사실 미국에는 국민주라고 할 만한 것이 없다. 굳이 꼽으라면 칵테일일까? 칵테일은 미국에서 태어났다. 여기에는 조금 애처로운 사연이 있다. 국민주가 없던 미국은 유럽의 수입주에 의존해야 했는데, 대부분 조악한 술뿐이라 그대로 마시면 너무 맛이 없었다. 별수 없이 시럽이나 향료 따위를 넣어 맛을 내다 보니 각종 칵테일이 탄생한 것이다.

위스키 봉봉 속에는 과연 위스키를 어떻게 넣을까?

초콜릿 속에 위스키가 들어 있는 위스키 봉봉. 먹을 때마다 그 안에 어떻게 위스키를 넣는지 궁금하지 않은가? 초콜릿으로 껍데기 부분을 만들고 마무리 단계에서 위스키를 주입할 것이라 생각하기 쉽

다. 하지만 실제로는 위스
키를 탄 설탕액을 봉봉 틀에
흘려넣고 천천히 식히는 방
법으로 만든다. 그러면 액체
화되지 않은 설탕이 바깥쪽

위스키 봉봉

에 결정을 만든다. 그리고 분리된 위스키가 그 안에 갇히는 것이다.

Q 프랑스 브랜디에 영어로 등급이 매겨져 있는 까닭은?

브랜디는 프랑스 술이다. 그런데 등급은 'Three star, V.S.O.P'처
럼 영어로 매겨져 있다. 왜일까? 프랑스제 브랜디의 가장 큰 소비
국은 영국이다. 그래서 그에 맞춰 영어로 적은 것이다. 브랜디의 등
급에 대해서도 알아보자. V.S.O.P는 Very(매우), Superior(뛰어난),
Old(오랜), Pale(맑은)의 약자이다. X는 Extra(특별히), F는 Fine(훌륭
한), E는 Especially(특별히), C는 Cognac(코냑)의 약자이다. 예를 들
어 'X.O'라고 하면 '특히 오래된'이라는 뜻이다.

Q 생리 전에 술을 마신 여성은 알코올 중독에 걸리기 쉽다?

최근 주부들 중에 '키친 드링커(kitchen drinker)'가 늘고 있다. 남편
이 가정에 관심을 기울이지 않아서 생긴 불안, 불만이 그 이유로 꼽
히는데 생리적으로 보더라도 남성에 비해 여성은 알코올에 중독되

기 쉽다. 잠재적 알코올 중독자 중 젊은 여성은 여성 호르몬이 많이 나오는 월경 직전에 술이 가장 생각난다고 한다. 이 시기에는 술을 조금만 마셔도 금방 취할 뿐만 아니라 이런 음주 패턴이 반복되면 알코올 중독자가 될 가능성이 높다. 폐경기 또한 위험하다. 음주 욕구를 억누르던 여성 호르몬의 제동이 사라지기 때문이 갑자기 술이 세진다. 그래서 키친 드링커가 생기는 것이다.

 고급 브랜디는 왜 '나폴레옹'이라 불릴까?

1912년 프랑스 황제 나폴레옹 1세의 아들이 태어났다. 코냑 제조사가 황제에게 경의를 표하며 그해 생산된 브랜디를 '나폴레옹'이라고 명명했던 것이 최고급품에 붙는 '나폴레옹' 이름의 시작이다. 지금은 프랑스의 여러 제조사가 자사의 최고급 브랜디에 '나폴레옹'이라는 이름을 붙인다. 그럼 '나폴레옹'이 붙으면 모두 고급일까? 그렇지는 않다. 프랑스에도 저렴한 술만 생산하는 회사가 있고 이들도 자사 제품 중 가장 좋은 것에 '나폴레옹'이라는 이름을 붙여 출하한다. 한 병에 1만 원짜리 나폴레옹도 있으니 영웅의 이름에 혹하지 않도록 주의하자!

 맥주를 빨대로 마시면 왜 빨리 취할까?

맥주를 빨대로 마시면 평소보다 빨리 취하게 된다. 과학적으로는 잔으로 꿀꺽꿀꺽 마시든 빨대로 쭉쭉 빨아 마시든 같은 양을 마시면 같은 정도로 취해야 할 텐데, 현실은 빨대 쪽이 빨리 취한다. 빨대로 조금씩 마시면 위벽 구석구석 빠짐없이 맥주가 돌아서 알코올이 더 잘 흡수된다. 잔으로 꿀꺽 마시면 일부는 그대로 배설되는 데 비해 빨대로 마시면 거의 100퍼센트 흡수되는 것이다. 어찌 보면 경제적인 음주법이지만 맥주 특유의 시원한 목 넘김을 맛볼 수 없으니 그 점은 좀 안타깝다.

 맥주의 맛있는 쓴맛은 귀하게 키운 홉에서 나온다?

식물에는 수꽃과 암꽃이 따로 피는 것이 있다. 맥주의 향과 쌉쌀한 맛을 내는 홉(hop)도 그중 하나다. 대개 이런 식물은 바람에 날려온 수꽃의 꽃가루가 암꽃의 암술에 닿아, 수정하고 자손을 남긴다. 맥주에 사용하는 홉은 수정 전의 '처녀 암꽃'이어야 한다. 그것도 최대한 성숙해서 한창때인 아가씨 꽃이 가장 좋다. 그래서 적당한 시기가 되면 나쁜 벌레(수꽃의 꽃가루)가 붙지 못하도록 비닐을 씌운다. 그야말로 '온실 속 아가씨'로 키우는 배려가 필요하다.

 너무 차가운 맥주는 왜 맛이 없을까?

맥주가 너무 차가우면 맛이 없어지는 것은 사실이다. 맥주를 너무 차게 식히면 맥주의 생명이라 할 수 있는 거품이 잘 일지 않는다.

거품의 정체는 탄산가스인데, 맥주 온도가 낮으면 낮을수록 가스가 맥주 속에 녹아버린다. 그래서 맥주를 컵에 따라도 거품이 일지 않는다. 맥주가 가장 맛있는 온도는 대략 10도 전후다. 냉장고에 반나절 넣어두면 딱 좋은 상태가 된다.

 냉장고 도어포켓은 맥주에게 잘 어울리는 자리가 아니다?

냉장고의 도어포켓을 맥주의 지정석으로 삼은 집이 많은데, 사실 그 장소는 맥주 보관 장소로는 최악이다. 맥주는 진동에 맛이 떨어진다. 프로야구 우승팀에 '맥주 뿌리기'를 할 때 마구 흔든 맥주의 마개를 따면 거품이 확 솟아올라 제대로 마실 만한 것이 못 된다. 그 정도는 아니라도 냉장고의 도어포켓은 하루에도 몇 번이나 열었다 닫힌다. 그때마다 맥주는 움직이게 되어 결과적으로 맛이 없어진다. 도어포켓은 어린이용 주스나 생수 등에 양보하고 맥주는 냉장고 안쪽에 얌전히 보관하는 게 어떨까?

맥주를 색다르게 마시는 법, 이건 어때요?

맥주는 적당히 시원한 것을 꿀꺽꿀꺽 단숨에 비우는 게 최고라지만, 가끔 다른 방법으로 즐기는 건 어떨까?

- 레드아이 – 맥주와 토마토주스를 7:3으로 살살 섞는다. 맛이 깔끔해서 목욕 직후나 해장술로 딱 좋다.

- 샨티 - 커다란 잔에 맥주를 붓고 라임 주스를 30밀리리터 정도 섞는다. 갈증 날 때 마시면 좋은 방법이다.
- 블랙 비어 - 맥주와 콜라를 반반씩 넣고 가만히 저어준다. 달콤하고 부드러운 맛이 나 여성들이 특히 좋아한다.
- 폭탄주 - 맥주에 차가운 드라이 진(위스키도 좋다)을 60밀리리터 정도 넣어 섞는다. 맥주로 부족하다는 주당들에게 권하는 술이다.
- 에그 비어 - 커다란 맥주잔에 계란 노른자를 하나 넣고 살살 섞으면서 맥주를 조금씩 붓는다. 기력이 샘솟는 맥주다.

Ⓠ 최고의 맥주가 탄생한 지역에는 공통점이 있다?

뮌헨, 삿포로, 밀워키. 세 도시 모두 세계적으로 유명한 맥주 산지다. 세계에서도 손꼽히는 맥주 명산지들에는 공통점이 있다. 거의 동일한 위도, 즉 북위 43~48도에 위치한다는 점이다. 이 위치는 대륙성 혼합림 기후라고 하여 여름에는 시원하고 겨울에는 매우 춥다. 맥주 제조에는 최적의 기후인 것이다.

Ⓠ 채소는 언제 수확해야 맛있을까?

채소는 하루 중 언제 수확해야 가장 맛있을까? 일본 농림수산성이 이에 대한 연구를 진행했다. 실험에 사용한 것은 풋콩과 소송채. 수

확 시간대에 따라 맛을 내는 성분이 어떻게 달라지는지 비교해보는 실험이었다. 연구에 따르면 풋콩의 경우, 단맛의 바탕이 되는 자당(sucrose, D-글루코스와 D-프록토오스로 이루어지는 이당류)과 알라닌(alanine, 아미노산의 하나)이 해 질 무렵 가장 많아졌다. 그리고 감칠맛을 좌우하는 글루탐산(glutamic acid, 산성 α-아미노산의 하나)은 정오 전후가 가장 많았다. 소송채도 거의 비슷했다. 정오에서 일몰에 걸쳐 맛을 내는 성분이 가장 많았고 이는 광합성이 얼마나 활발하게 일어나느냐에 따라 달라지는 것으로 추정된다.

 통조림 속 귤은 껍질이 아주 깨끗하게 제거되어 있다. 과연 어떻게 손질했을까?

통조림용 귤은 겉껍질뿐만이 아니라 알맹이에 붙은 속껍질까지 깨끗하게 제거되어 있다. 설마 하나하나 손으로 벗겼을 리는 없고, 어떤 방법을 썼을까? 통조림 공장에서는 먼저 귤을 통째로 수증기에 쐬어 겉껍질을 부드럽게 한다. 그 상태에서 상처를 내어 롤러 위에 굴리면 그 위에서 통통 튀는 동안 귤껍질이 자연스레 벗겨진다. 다음으로 속껍질을 벗기는데, 먼저 산성 용액에 담가 천천히 녹이고 이어서 알칼리성 용액에 넣어 껍질을 완전히 녹이면서 중화시킨다. 마지막으로 물에 헹궈 자잘한 껍질을 떨궈낸다. 참고로 여기 쓰이는 산성, 알칼리성 용액은 모두 식품첨가물로 인정받은 것으로 용액의 농도를 적절히 조절한 것이다. 굴의 산지나 종류에 따라 농도를 미세하게 조절해야 알맹이까지 녹는 것을 막을 수 있기 때문이다.

 초밥과 고추냉이는 왜 찰떡궁합일까?

일본 요리에 사용되는 향신료는 고추냉이, 생강, 고추, 산초 등 여러 가지가 있는데 그중에서도 초밥 하면 고추냉이다. 여기에는 과학적인 이유가 있다. 초밥 속에 고추냉이를 넣는 것은 생선의 비린내를 잡기 위해서다. 같은 용도로 고춧가루나 생강을 사용해도 괜찮을 듯하지만, 이런 향신료의 매운맛은 입에 계속 남아 생선의 감칠맛을 해친다. 반면 고추냉이의 매운맛은 생선의 비린내와 함께 입안에서 사라지는 특징이 있어 초밥과 찰떡궁합이다.

7

음악, 미술, 스포츠를 아우르는

예체능 상식

베토벤이 5번 교향곡을 창조해내기 전까지는
세상은 이를 필요로 한 적이 없었다.
하지만 이제 우리는 5번 교향곡 없이는
살 수 없게 되었다.

− 루이스. I. 칸(Louis I. Kahn), 건축가

Q 영화산업의 메카, 할리우드라는 이름은 영화와 전혀 관계없다?

세계 영화의 수도 할리우드
는 미국 로스앤젤레스 근교
에 위치해 있다. 그곳에 가면
산중턱에 'HOLLYWOOD'
라고 거대한 간판이 세워
져 있다. 사실 이것은 부동

할리우드 간판

산 광고의 흔적이다. 지금으로부터 100여 년 전, 한 여성 부동산업
자가 현재 힐리우드 부근을 개발하여 신흥 주택지로 분양하기 시작
했다. 그 주택지의 이름으로 고른 것이 친구의 별장 이름인 '할리우
드'였다. 할리우드는 'ㅇㅇ타운' 같은 분양지의 애칭이었던 것이다.
그러던 곳이 언제부턴가 영화산업의 메카로 발전했고, 1979년에는
영화인들이 돈을 모아 낡은 간판을 새것으로 바꾸었으며 이제는 명
실상부 영화를 상징하는 간판이 되었다.

Q 스티븐 스필버그 감독은 16세부터 영화로 돈을 벌기 시작했다?

〈ET〉〈인디아나 존스〉〈라이언 일병 구하기〉 등 감독을 맡은 영화
마다 엄청난 흥행을 했던 스티븐 스필버그. 이름만으로 관객을 끌
어모으는 몇 안 되는 유명 감독인 그가 처음으로 흥행 수입을 벌어
들인 영화는 무엇이었을까? 영화 팬 중에는 그의 데뷔작 〈대결〉을

꼽는 사람도 있을 것이다. 그런데 그보다 훨씬 전에, 무려 16세 때 만든 〈불빛〉이라는 SF영화가 있었다. 어려서부터 엄청난 영화광이었던 그는 2시간 20분짜리 대작을 동네 영화관을 빌려 딱 하루 저녁 상영했는데, 이때의 수익금이 약 100달러였다.

Q 드라마에 등장하는 맥주병은 무엇으로 만들까?

액션영화나 드라마를 보면 맥주병으로 적의 머리를 힘껏 내려치는 장면이 가끔 나온다. 병은 산산조각 나서 흩어지고 상대방은 기절한다. 물론 이때 사용하는 것은 진짜 유리병이 아니고 엿으로 만든 가짜다. 엿에 맥주병 색을 넣은 후 주형에 부어서 굳힌다. 유리가 아니니 산산이 부서져도 머리를 깨지거나 혹이 나는 일은 없다. 그렇지만 깨지며 흩어지는 모양은 유리와 비슷해서 소도구용 맥주병으로 이만 한 소재가 없다. 단점이 있기는 하다. 엿이므로 열에 약해서 한여름 촬영 때 배우가 병을 잡는 순간 쑥 휘어버릴 수 있다. 그래서 가짜 맥주이긴 하지만 얼음으로 차게 식혀 사용한다.

Q 드라마 속 비 내리는 장면은 어떻게 찍을까?

비 내리는 장면을 촬영할 때 만약 진짜 비가 내리면 어떻게 될까? 십중팔구 촬영은 중지된다. '때마침 내리는 비를 활용하면 좋을 텐데' 하고 생각할지 모르나 진짜 빗속에서 촬영을 강행하다가는 고가의 카메라와 조명기구 등 기자재가 망가질 수 있다. 또 한창 촬영 중에 갑자기 비가 멎으면 장면 연결도 부자연스럽다. 그래서 비 오는 장면을 찍을 때는 가짜 비를 뿌린다. 세트 안에서 촬영할 때는 구멍 뚫린 파이프 여러 개를 이용한다. 야외나 오픈 세트일 경우 소화전에 호스를 연결한 뒤 그 끝을 하늘을 향하고 좌우로 흔들며 뿌려 비 내리는 장면을 연출한다. 소나기 촬영 때는 카메라 앞에 많은 양을 뿌리게 한다. 안개비의 경우 대형 분무기를 사용하기도 하고 가랑비, 보슬비는 스태프들이 호스 끝을 손가락으로 막고 미세하게 힘을 조절해 만들어낸다.

 아톰의 특이한 머리 모양은 모델이 있다?

만화가 데즈카 오사무가 남긴 불후의 명작 〈우주소년 아톰〉에 대해 많은 사람이 오해를 하고 있는 것이 있다. 아톰의 외모적 특징 중 하나는 머리 양쪽에 뾰족 솟은 머리카락인데, 이것을 헬멧인 줄 아는 사람이 많다. 데즈카 오사무는 왜 아톰의 머리 모양을 그렇게 기묘하게 그렸을까? 그는 천연 곱슬머리라 샤워를 하고 나오면 예외 없이 머리카락이 솟아올랐다고 한다. 즉, 아톰의 헤어스타일은 데즈카 자신에게서 따온 것이다.

미키마우스 캐릭터의 모델이었던 쥐가 실제로 있었다?

세계에서 가장 유명한 쥐는 미키마우스일 것이다. 이 캐릭터를 만든 사람은 월트 디즈니다. 디즈니는 미키마우스 애니메이션을 발표하면서 일약 세계 애니메이션계의 제왕이 되었다. 그런데 이 캐릭터는 순수하게 그의 머리에서 나온 것이 아니다. 디즈니가 아직 세상에 알려지기 전의 일이다. 가난했던 그는 낮이면 일자리를 찾고 밤이면 디자인 작업에 몰두하는 나날을 보냈다. 그러던 어느 날 그는 방의 벽에 뚫린 구멍으로 쥐가 드나드는 것을 알아차렸다. 사람들에게 미움받는 쥐이지만 잘 보니 얼굴 생김이 꽤 귀여웠다. 그는 바로 그 쥐를 모델로 삼아 미키마우스라는 캐릭터를 만들었다.

 〈모나리자〉에 대한 흥미로운 여러 추측들!

명화 중의 명화인 레오나르도 다 빈치의 〈모나리자〉. 그 모델은 피렌체의 부호 프란체스코 델 조콘다의 아내로 알려져 있다. 그런데 확실한 증거가 없어서 지금까지 다양한 주장이 제기되었다.

첫째, 사실 모델은 여장남자였다.

둘째, 다 빈치 자신이 모델이다.

셋째, 모나리자는 천식을 앓고 있었

다 빈치의 회화 〈모나리자〉

다. 이는 수수께끼 같은 미소가 천식 환자 특유의 근육장애로 인한 것이라는 주장이다.

넷째, 모나리자는 임신 중이었다. 옷이 부풀어 있어서다.

다섯째, 모나리자는 콜레스테롤 수치가 높았다. 위 눈꺼풀 중앙에 작은 혹이 있는데 이는 혈액 중 콜레스테롤 수치가 높을 때 생기는 것이다.

 진품보다 모조품이 많은 화가가 있다?

렘브란트는 평생 약 700점의 작품밖에 남기지 않았다. 그런데 지금 미술품 시장에서는 '렘브란트 작'이라 불리는 작품이 적어도 1만 점 이상이다. 또 반다이크는 그야말로 과작(寡作)을 한 화가라 평생 70점의 그림밖에 그리지 않았다. 그런데 그의 이름을 내건 작품이 전 세계적으로 2천 점 이상 존재한다. 다작을 했던 콜로도 마찬가지다. 그는 평생 2천5백여 점의 그림을 그렸는데 미술계에는 이런 말이 은밀히 나돌고 있다. "콜로는 평생 2천5백 점의 그림을 그렸다. 그 가운데 8천7백 점은 미국에 있다."

 모조품을 진품과 똑같이 만드는 환상의 기술이 있다?

명작을 모조할 때 가장 어려운 점은 진품이 그려진 이후의 시간 경과를 자연스럽게 표현하는 것이라고 한다. 모작 화가들은 그림을 어떻게 다 빈치 시대에 그려진 그림처럼 보이게 만들까? 이탈리아의 명화 복제 일인자로 알려져 있는 케린 실바노의 경우, 다 그린 그림 위에 레시나라는 작은 과일과 꿀을 섞어 데운 뒤 칠하고 천으로 꼼꼼히 펴 바른다. 이틀 후 캔버스 뒤쪽에서 꾹꾹 밀면 앞쪽의 그림 위에 얇은 금이 생긴다. 그러면 그 작품은 흡사 수 세기 전에 그려진 것처럼 보인다고 한다. 미용팩의 수분이 날아가 건조된 듯한 모양인데, 미용팩의 평소 쓰는 용도와 다르게, 모조품의 주름을 늘리기 위해 쓰이는 셈이다.

Q 미술에는 가짜가 많은데, 음악에는 왜 가짜가 별로 없을까?

다 같은 예술인데 미술품은 수많은 모작이 나도는 것에 비해 음악은 가짜가 별로 없다. 이유는 지극히 현실적이다. 미술과 음악 작품의 가격은 하늘과 땅 차이다. 예를 들어, 거품경제 시절 일본의 한 보험회사가 사들인 빈센트 반 고흐의 〈해바라기〉는 무려 53억 엔이었다. 이 정도 금액이면 모작을 만들어도 이상하지 않다. 하지만 음악의 경우, 모차르트가 직접 쓴 교향곡 악보는 2천5백만 엔 정도로 경매에 나온다. 참고로 설사 유명 작곡가로 가장하여 작곡을 한다 해도 그에 대한 저작권료는 가짜 작곡가에게 돌아가지 않는다. 이것이 음악에 위작이 없는 가장 큰 이유일지 모른다. 다만 타인의 곡을 표절하는 의미에서의 위작은 계속 등장하고 있다.

양손이 없는 조각상 〈밀로의 비너스〉는 원래 어떤 모습이었을까?

루브르 미술관의 3대 미술품 중 하나인 〈밀로의 비너스〉는 역사상 가장 아름다운 여성 조각상으로 꼽히는데, 흥미롭게도 1820년 그리스의 밀로 섬에서 발견되었을 때 이미 양팔이 없었다. 이 비너스상의 원조는 기원전 4세기경 제작되었고, 기원전 2세기경 다시 제작된 것으로 추정되지만 팔이 어떤 모양이었는지에 대해 밝힐 만한 자료가 전혀 없다. 그래서 많은 연구자가 이를 두고 다양한 설을 발표해왔다. 두르고 있는 천을 벗으려는 모습이라는 주장, 왼손에 사과, 오른손에 천을 잡고 있었을 거라는 주

조각상 〈밀로의 비너스〉

장, 옆에 있는 사람에게 손을 뻗고 있다는 주장……. 이렇듯 다양한 설이 있지만 정설로 불리는 것은 아직 없다. 또 비너스상은 양팔이 없기 때문에 오히려 몸의 라인이 아름다워 보이고 영원의 미녀상이 되었다는 주장도 있다. 그에 따르면, 만약 팔이 있었다면 고고학적, 역사학적 가치는 있었을지 몰라도 예술품으로서는 별 가치 없는 조각으로 남았을 것이라고 한다. 혹시 그런 이유로 처음부터 팔

은 없었던 게 아닌가 하는 특이한 주장도 있다.

 셜록 홈스의 모델은 의학부 교수였다?

최고의 명탐정 셜록 홈스. 홈스는 원작자 코난 도일이 에든버러대학교 의학부에서 공부할 당시 외과부장이었던 조셉 벨 교수를 모델로 탄생했다. 그는 초진 환자가 와도 한눈에 병명과 증상은 물론 직업, 출생지, 현주소, 버릇 등을 딱 알아맞혔다고 하니 과연 홈스라 할만하다. 또 "사소한 것에 주의하라. 환자에게 손대기 전에 먼저 관찰하고 추리해야 한다"라는 것이 그의 입버릇이었다. 왓슨을 상대로 설교를 늘어놓는 홈스 그 자체다. 코난 도일은 대학 졸업 후 의사 개업은 했지만 환자가 영 늘지 않았고 부업으로 역사소설을 쓰기 시작했다. 하지만 이것도 별로 팔리지 않았다. 그러다 벨 교수를 모델로 한 탐정소설이라는 아이디어를 떠올린 것이다.

 햄릿이 오필리아에게 "수도원으로 가라!"고 말한 까닭은?

셰익스피어의 명작 《햄릿》을 보면 "수도원에나 가라!"는 대사가 나온다. 미치광이 행세를 하던 햄릿이 연인인 오필리아에게 내뱉는 말인데, 이 말은 수도원에 가서 수행하고 오라는 말이 아니다. "너 같은 여자는 매춘부나 되라!"는 의미인 것이다. 세속을 초월한 수도원과 세속의 때에 찌든 매춘부가 무슨 관계가 있단 말인가? 이 말

을 통해 당시 유럽의 수도원에서 몰래 매춘 행위가 벌어졌음을 알
수 있다.

 잠자는 숲 속의 공주는 몇 살에 결혼했을까?

디즈니의 애니메이션으로 잘 알려진 《잠자는 숲 속의 공주》. 주인공
오로라 공주는 악마의 저주 때문에 기나긴 잠에 빠진 후 잠에서 깨어
나 왕자와 결혼하는데, 그럼 대체 몇 살에 결혼했을까? 프랑스의 작가
샤를 페로의 원작에 따르면 약 120세였다. 오로라 공주는 숲 속에서
100년이나 잠들어 있었다. 그녀는 증손자뻘 남자와 결혼한 셈이다.

 마라톤 출발 지점에서 선수의 위치는 어떻게 정할까?

큰 규모의 마라톤에는 1만 명 이상이 참가할 때도 있다. 당연히 출
발선 부근은 수많은 사람이 몰리고 맨 앞줄과 맨 뒷줄의 간격은 꽤
멀어지게 된다. 이럴 때는 참가 신청 순서대로 붙인 번호에 따라 위
치가 정해진다. 한편 올림픽 대표 선발전 같은 중요한 대회에서는
아무리 참가 선수가 많아도 출발선에서 10미터 이내에 선수가 다
들어올 수 있도록 조치한다. 엄밀히 말하면 0.5~1초 정도의 차이
는 생기지만 마라톤에서는 출발선의 몇 미터 정도의 차이는 별 문
제가 되지 않는다고 한다. 또 이런 대회에서는 과거의 기록이 좋은
순으로 상위 20명을 배치하는데, 그래서 출발선에는 우승이 유력

한 선수가 서게 된다.

 마라톤 선수는 선도 차량의 매연 때문에 괴롭지 않을까?

마라톤 선수들 옆에는 늘 코스를 선도하는 오토바이나 텔레비전 중계차가 달리고 있다. 자동차와 같이 달리는 선수는 그 매연 탓에 괴롭지 않을까? 사실 텔레비전 중계의 경우, 정면에서는 원근감이 흐려져서 선도 차량과 선수가 바로 근처에서 달리고 있는 것처럼 보이지만, 실제로는 중계차가 50미터, 오토바이는 30미터의 거리를 두고 있다. 그러므로 선수가 매연 때문에 힘들어할 일은 없다.

 100미터 달리기에서 골인의 정확한 정의는?

경마에서는 목이나 코 하나 차이로 승리가 갈리는데 육상경기에서는 이런 일이 드물다. 육상경기 규칙에 따르면 골라인으로 얼굴이 먼저 들어와도 골로 인정하지 않는다. 손이나 발을 뻗어도 소용없다. 토르소(torso), 즉 머리, 목, 팔, 다리, 손발 이외의 몸통 부분이 골라인을 통과해야 비로소 골인으로 인정하기 때문이다. 그래서 선수들이 마지막에 가슴을 쭉 내미는 것이다. 따라서 가슴이 큰 선수일수록 유리한데, 엉덩이 덕분에 이긴 경기도 있었다. 1985년 일본 고베에서 열린 국제실내육상 경기대회에서 50미터 허들경기를 하던 한 선수가 넘어져 굴러 엉덩이부터 들어온 사건이 있었다. 그런데 엉덩이도 토르소의 일부로 인정되어 실격으로 처리되지 않았다.

 장대높이뛰기 선수는 그 긴 장대를 어떻게 가지고 다닐까?

장대높이뛰기에 쓰이는 장대는 가장 짧은 것이 4미터 전후, 긴 것은 5미터 30센티미터나 된다. 선수들은 도전하는 높이에 따라 장대 길이를 결정해서 사용한다. 그래서 경기에 참가하기 위해 이동할 때마다 한 선수가 적어도 4~6개의 장대를 갖고 다녀야 한다. 이 장대는 접히거나 분해할 수 있는 것도 아니라 운반이 보통 일이 아니다. 국내 원정 경기 때는 이동 버스의 통로에 싣기도 하지만 요즘 대형 버스는 창문이 안 열리는 경우가 많아서 지붕 위에 고정하여 옮기기도 한다. 택배로 보내는 경우도 있는 데 4톤 트럭에 비스듬히 실어서 겨우 갈 수 있는 정도라 결국 개당 6~8킬로그램짜리 장대 대여섯 개를 옮기기 위해 트럭 한 대를 통째로 빌려야 한다. 운반비가 정말 만만치 않다. 해외 원정 경기 때는 항공기 화물칸에 넣을 수 있지만 공항에서 경기장까지 운반할 때는 역시 차 지붕 위에 묶어야 한다. 참고로 유리섬유로 만드는 장대높이뛰기용 장대는 적어도 하나에 70만 원 정도 한다. 장대높이뛰기는 여러모로 돈이 드는 경기다.

야구장의 다이아몬드 크기는 어떻게 정해졌을까?

야구의 베이스와 베이스 사이는 90피트(27.44미터)로, 1845년 뉴욕에서 세계 최초의 야구팀을 창단한 알렉산더 커트라이트라는 사람이 정했다. 그는 당시 15개의 규칙을 정했는데, 그중 '야구상 다이아몬드 크기는 대각선 길이를 126피트(38.41미터)로 한다'는 조항이 있었다. 이 길이는 커트라이트의 보폭이 기준이 되었다. 그는 본루에서 2루까지, 1루에서 3루까지를 정할 때 각각 42걸음을 걷고 나서 "이 정도가 딱 좋다"고 말했다. 그의 보폭은 약 3피트(92센티미터)였다. 그런 식으로 정방형 다이아몬드를 그리고 보니 베이스 사이가 89.09피트라는 다소 어중간한 숫자가 된 것이다. 이후에 알기 쉽게 90피트로 바꾸었고 현재까지 사용되고 있다.

야구장의 모습

 골프 컵의 크기는 어떻게 정해졌을까?

골프 컵의 크기는 지름이 4인치와 1/4이다. 골프 마니아라면 참 절묘하고도 얄미운 숫자라고 느낄 것이다. 그보다 크다면 경기가 시시할 것이고 그보다 작으면 코스가 원활하게 진행되기 어려울 테니까. 컵의 크기를 맨 처음 정한 사람은 골프에 관해 꽤 해박한 고수가 아니었을까? 그런데 알고 보면 마침 그린 옆에 뒹굴던 토관 때문에 생겨난 크기다. 당시 골프는 매치플레이(match play)로 진행되었고 컵의 크기는 그때그때 정했다. 대개는 삽으로 적당히 그린에 구멍을 뚫어 사용했는데, 한 골퍼가 그린 옆에 뒹굴던 토관을 발견하고 그것으로 구멍을 뚫으니 테두리가 무너지지 않아서 좋았던 것이다. 그때부터 컵의 지름이 정해져서 오늘까지 이어지고 있다.

 골프 1라운드가 18홀로 정해진 유래는?

1858년 세계 최초의 골프클럽인 센트앤드류스클럽의 회의에서 골프 1라운드가 18홀로 정해졌다. 당시 골프 홀을 몇 개로 할지 의견이 갈려서 길고 지루한 회의가 이어졌다. 온갖 의견이 쏟아져 나왔고 좀처럼 결론이 나지 않던 상황에서 한 원로회원이 말했다. "나는 한 홀을 돌 때마다 위스키를 한 잔씩 마십니다. 위스키 18잔을 마시니 한 병이 비워지더군요. 그러니 1라운드는 18홀로 하는 게 어떻겠습니까?" 클럽 멤버들은 이 의견에 떠밀렸고 그때부터 1라운드는 18홀이 되었다.

 샌드백에는 정말 모래가 들어 있을까?

권투 연습에 빠질 수 없는 샌드백. 해석하면 '모래주머니'이니 당연히 그 안에 모래가 들어 있다고 생각하는 사람이 많다. 그런데 알고 보면 그 안에는 펠트 천이나 니트 원단을 잘게 자른 것이 가득 차 있다. 물론 옛날에는 모래로 속을 채웠다. 그런데 모래가 습기를 머금으면 딱딱해져서 세게 치다가 주먹이나 손목을 다치는 사람이 적지 않았다. 그래서 차츰 개선하다 보니 지금처럼 부드러운 천을 넣은 샌드백이 탄생했다. 요즘에는 물을 넣은 워터백도 등장했다.

수영의 자유형 경기에서는 정말 자유롭게 헤엄쳐도 될까?

수영 종목 중 하나인 자유형. 어떤 스타일로 헤엄쳐도 상관없는 것이 규칙이다. 하지만 대부분의 선수가 가장 빨리 나갈 수 있는 크롤형으로 헤엄을 친다. 그런데 자유롭게 해도 된다고 하니 수영장을 달려가는 건 어떨까? 아무리 자유형이라고 해도 이것은 실격이다. 수영 경기에서 수영장 바닥에 발이 닿는 것은 괜찮다. 하지만 걷거나 뛰면 실격이다. 또 멈추었다 다시 헤엄칠 때 바닥을 차는 것도 허용되지 않는다. 발이 닿는 것은 턴하며 벽 차기할 때만 허용된다.

럭비 감독은 경기장에 들어갈 수 없다?

다른 스포츠와 달리 럭비 감독은 게임 도중 경기장에 들어갈 수 없다. 스탠드에서 지시를 내리는 것도 규칙 위반이다. 이른바 럭비 정신은 이 규칙에서도 잘 드러난다. 럭비라는 스포츠가 중시하는 것은 선수들의 자주성이며, 시합 중 팀을 추스르는 것은 어디까지나

선수 대표인 캡틴의 일이라고 생각한다. 그 정신에 따라 럭비 감독
은 관객석에 앉아 관전할 뿐이다.

 파도타기 응원은 원래 선수들에 대한 경고다?

프로야구나 축구 경기에서 관중들이 파도타기 응원을 할 때가 있
다. 파도타기 응원은 본래 미식축구에서 시작되었는데 프로 스포
츠의 인기가 높은 미국에서 점차 다른 종목으로 퍼져나갔고 1984
년 로스앤젤레스 올림픽에서 세계로 중계되며 널리 알려졌다. 그
로부터 2년 후 월드컵 경기에서는 이미 세계적인 응원으로 정착했
다. 그런데 미식축구에서 파도타기가 처음 등장했을 때는 응원의
의미가 아니었다. 시합이 지루할 때 관객들끼리 즐기기 위해 시작
한 것이다. 선수에게 야유를 퍼붓는 대신 "제대로 좀 하라!"는 의미
로 경고를 보낸 것이다.

 **비틀즈는 해체의 이유를 노래로 구구절절 이야기했다. 도대체
어떤 곡으로 했을까?**

1970년 12월 30일은 비틀즈가 해체한 날이다. 그 원인으로 존 레논
과 폴 매카트니의 불화설, 존의 부인인 오노 요코의 방해설 등 온갖
소문이 돌았지만 정작 멤버들은 뮤지션답게 노래를 통해 그룹 해체
의 이유를 설명했다. 링고 스타는 〈Early 1970〉이라는 곡에서 해체

직전의 상황을 노래했고, 1972년 〈Back off boogaloo〉에서는 존과 폴이 화해하기를 바라는 간절한 마음을 담았다. 한편 폴은 〈Too many people〉로 존을 비난했고 존도 〈How do you sleep〉으로 폴을 공격했다. 마지막까지 침묵을 지키던 조지 해리슨은 〈Sue me sue you blues〉를 통해 사태가 소송에까지 이르며 돌이킬 수 없음을 한탄했다. 어쨌거나 노래를 들어보면, 존과 폴의 사이가 단단히 틀어졌던 것은 분명해 보인다.

 〈해피 버스데이 투 유〉는 무단 도용한 곡이었다?

영어를 한마디 못하는 사람도 생일 축하곡 〈해피 버스데이 투 유(Happy birthday to you)〉는 따라부를 수 있을 것이다. 전 세계에 가장 널리 알려진 곡 중 하나인 이 노래는 알고 보면 무단 도용한 곡이다. 원곡은 1893년 출판된 《유치원 노래 이야기》에 실린 〈굿모닝 투 올(여러분 안녕)〉이다. 미국 켄터키 주에 살던 밀드레드 힐이 작곡하고 그녀의 동생 패티 스미스 힐이 작사한 이 곡은 매일 아침 유치원 교사들이 교실에서 아이들을 맞으며 부르던 노래였다. 그런데 1924년 노래 책 하나가 출판되며, 이 곡을 무단 도용하여 가사를 바꾸어 게재했다. 이렇게 해서 누구나 눈감고도 부르는 〈해피 버스데이 투 유〉가 탄생했다.

하드락과 헤비메탈의 차이는?

본래 음악의 각 장르는 서로 넘나들며 발전해왔다. 그래서 명확하게 구분 짓기는 어렵지만 일단 정의해본다면, 하드락은 1960년대 후반에 생겨난 음악으로 딥 퍼플이나 레드 제플린, 크림 등이 대표적인 뮤지션으로 활동했다. 그 이전의 비틀스 같은 록 음악보다 한층 격렬한 멜로디가 특징이다. 이 하드락 가운데 특히 메탈릭(metalic, 금속의 속성을 지닌)한 음색을 띠는 것이 헤비메탈이다. 대표적인 뮤지션으로 아이언 메이든, 쥬다스 프리스트 등을 꼽을 수 있다.

 이탈리아에서는 왜 헤드폰이 잘 팔리지 않을까?

세계적인 대히트 상품 '워크맨'이 발매된 것은 1979년이다. 워크맨은 순식간에 폭발적인 인기를 얻으며 전 세계로 수출되었다. 이와 동시에 헤드폰이 전 세계 젊은이들 사이에 퍼져나갔는데, 그 취향은 나라마다 미묘하게 달랐다. 일본과 독일은 기능을 우선시하여 음질이 좋은 것이 잘 팔렸다. 한편 미국과 영국에서는 가격이 저렴한 것이 잘 팔렸고, 프랑스에서는 디자인을 우선시하여 특히 파스텔 컬러 제품이 인기가 높았다. 그런데 이탈리아에서는 전반적으로 매출이 오르지 않았다. 이탈리아인은 음악을 즐기는 방식이 좀 달랐기 때문이다. 쾌활한 이탈리아인에게 음악이란 친구, 동료와 다 같이 즐기는 것이지 혼자 즐기는 것이 아니었던 것이다.

명곡 〈미완성 교향곡〉이 미완성된 이유는?

슈베르트의 〈미완성 교향곡〉. 중간에 끝나버리는데도 아직까지 전 세계적으로 사랑받는 명곡이다. 이 같은 명곡이 어쩌다 미완성으로 남게 되었을까? 애초에 이 곡은 슈베르트가 빈 음악가협회의 회원이 되기 위해 친구 히텐브렌너에게 준 곡이다. 살아 있는 동안 세상으로부터 인정받지 못한 슈베르트에게 작곡가협회의 회원이 되는 것은 평생의 꿈이었다. 그래서 그는 우선 2악장까지만 곡을 써서 친구에게 보냈고 입회 심사를 요청한 것이다. 그런데 심사위원의 안목이 형편없었는지 결국 낙선하였고, 곡은 히텐브렌너에게 반환되었다. 여기까지가 확인된 사실인데, 석연치 않은 것은 이후의 경위다. 슈베르트는 그 후로 2년을 더 살았는데 왜인지 이 곡을 완성시키지 않았다. 일설에 따르면 제2악장까지의 곡이 너무 훌륭하여 뒤이어 쓰지 못했다고도 하고, 동시대 선배인 베토벤의 수많은 명곡을 접한 뒤에 심리적으로 위축된 슈베르트가 작곡 활동을 이어가지 못했다는 말도 있다.

 모차르트의 작품 번호에 붙어 있는 쾨헬의 의미는?

모차르트의 대표작 가운데 하나인 〈아이네 클라이네 나흐트 무직〉은 독일어로는 〈K.V.525〉, 영어로는 〈K.525〉라는 작품 번호가 붙어 있다. 쾨헬 번호로 불리는 'K.V'나 'K.'는 무슨 뜻일까? 모차르트에게는 루트비히 폰 쾨헬이라는 열성팬이 있었다. 본래 식물학자였던 쾨헬은 모차르트에 대한 사랑이 대단해서 1862년 그가 남긴 모든 작품을 연대순으로 편집, 출판했다. 그때 모차르트의 작품에 붙여진 일련 번호가 바로 쾨헬 번호이다. 이 책은 나중에 몇몇 사람의 손을 거치며 꾸준히 증보, 개정되었고 그 과정에서 쾨헬 번호가 그대로 남은 것이다.

 교향곡 〈운명〉은 한국과 일본에만 있다?

베토벤의 〈교향곡 제5번〉. 이 곡을 〈운명〉이라고 부르는 나라는 한국과 일본뿐이다. 정식 명칭은 〈교향곡 제5번 C단조〉다. 유럽에서는 그냥 〈교향곡 제5번〉이라고 부른다. 이 곡이 〈운명〉이라는 이름을 갖게 된 것은 베토벤이 이 곡의 주제로 '운명은 이렇게 문을 두드린다'라는 해설을 덧붙였기 때문이다. 그런 의미에서는 베토벤의 의도에 잘 맞는 이름인지도 모른다. 참고로 베토벤 자신이 교향곡에 이름을 붙인 것은 〈제3번 영웅〉과 〈제6번 전원〉뿐이다.

 〈엘리제를 위하여〉는 엘리제를 위한 곡이 아니다?

피아노를 배운 사람이라면 한번쯤 연주해보았을 〈엘리제를 위하여〉. 베토벤이 곡명대로 '엘리제'라는 여성을 위해 쓴 곡으로 알려져 있지만, 사실 이 여성의 이름은 '테제레'였다고 한다. 그도 그럴 것이,

베토벤은 이 곡을 작곡한 지 한 달 만인 1810년 5월, 테레제 마르파타라는 18세 여성에게 프러포즈했다. 이 곡의 악보가 테레제의 편지함에서 발견된 것이 확실한 증거다. 그런데 아무래도 베토벤이 악보에 쓴 '테레제를 위하여'라는 글씨가 '엘리제를 위하여'로 읽혔던 모양이다. 한편 베토벤의 정성 어린 선물도 테레제의 마음을 움직이지 못했는지, 그녀는 다른 남자와 결혼하고 말았다.

 누구나 연주할 수 있는 '세상에서 가장 조용한 곡'은?

미국의 전위적인 작곡가로 알려진 존 케이지의 작품 중 〈4분 33초〉라는 곡이 있다. 1952년 발표된 이 작품에는 사실 악보 없이 '연주자는 4분 33초 동안 피아노 앞에 아무 소리도 내지 않고 앉아 있다가 퇴장한다'라는 존 케이지의 지시만 적혀 있다. 피아니스트는 피아노 앞에 앉아 있으면 되는 '곡'으로, 누구라도 연주할 수 있다. 그런데 왜 4분 33초일까? 존 케이지가 '절대영도(absolute zero point, 열역학적으로 생각할 수 있는 최저 온도, 영하 273.16도)'를 의식했기 때문이라고 한다. 절대영도는 영하 273도. 이를 시간으로 환산하면 4분 33초가 되며, 아마 절대영도에서는 음악가의 활동도 정지한다는 뜻이 아닐까? 참고로 이 작품의 첫 공연 때 "이것은 선(禪)이다!"라고 극찬한 평론가도 있었다는데, 최근에 이 곡이 연주되었다는 소리는 들어보지 못했다.

Q 클래식 곡의 제목은 누가 붙일까?

클래식 명곡에는 〈전원〉이나 〈미완성〉 등 제목이 붙어 있는 경우가 많다. 보통 제목이라고 하면 소설이 그렇듯 그 작품을 창작한 사람, 즉 작곡가가 붙이는 것이라 생각하기 마련이지만 클래식은 조금 다르다. 모차르트와 베토벤이 활약했던 18세기부터 19세기까지는 주위 사람이나 음악 출판사가 곡의 이미지에 맞게 제목을 붙이는 경우가 많았다. 예를 들면, 베토벤 〈월광〉은 발표 당시에는 〈환상곡풍 소나타〉로 불리었지만 이 곡에 감동한 요한 페터 리자라는 사람이 베토벤이 달빛 아래 이 곡을 썼다는 이야기를 지어내며 〈월광〉으로 바뀌었다.

Q 클래식에도 애드리브가 있다?

연주자가 자유롭게 선율을 연주하는 애드리브(ad lib). 재즈의 전매특허인 양 여겨지지만, 사실 클래식에도 애드리브가 있다. 애드리브는 원래 클래식 용어로 '뜻에 따라', '자유롭게'를 의미하는 '아드리브툼(adlibtum)'의 약자다. 예를 들면, 헨델의 오르간 협주곡에는 솔로 연주가 이어지는 부분에 아드리브툼 지시가 있다. 비발디의 곡에도 템포 변화에 대하여 아드리브툼 지시가 있다. 피아노 협주곡 등에도 독주자가 자유롭게 선율을 연주하는 '카덴차(cadenza, 악곡이 끝나기 전에 독주자의 연주 기교가 충분히 발휘되도록 한 무반주 부분)'가 있다. 일반적으로 클래식은 악보대로 정확하게 연주하는 음악이라고 여겼지만 이렇듯 그것은 오해에 지나지 않는다.

 피아니스트를 가장 짜증나게 하는 곡은?

프랑스 음악계의 귀재라 불리는 에릭 사티. 그의 작품 중에 〈벡사시옹〉이라는 피아노곡이 있다. 달랑 한 장의 악보, 연주 시간은 1분 정도다. 마치 어린이용 연습곡 같은 느낌인데 에릭 사티는 이것을 840회 반복 연주하라고 지시하고 있다. 총 연주 시간을 계산하면 무려 13시간 38분이다. 아마 세상에서 가장 긴 피아노곡이 아닐까? 제목인 〈벡사시옹〉은 프랑스어로 '짜증이 나다'라는 뜻인데, 이런 제목이 붙은 이유가 있는 듯하다.

 콘서트홀에서 가장 좋은 소리가 들리는 자리는 어디일까?

커다란 콘서트홀에서 가장 좋은 소리를 들을 수 있는 자리는 홀의 중앙 부근이다. 각 악기의 균형을 생각하면 그 부근에서 듣는 것이 가장 좋다. 하지만 모든 콘서트에서 중앙이 가장 좋은 자리는 아니다. 작은 홀이라면 목소리와 건반 소리가 잘 들리는 앞쪽 자리가 좋다. 소리가 잘 들리는 것은 물론 가수의 표정까지 생생히 보여서 공연 보는 재미가 더해진다. 또 귀가 밝은 사람, 풍부한 음색과 기교를 즐기고 싶은 사람은 중앙 뒤쪽이나 2층 맨 앞자리도 좋다. 과학적으로 설명하자면, 직접음의 분산비가 작아 음색을 감상하는 데 가장 좋은 위치다.

 목관악기는 관이 돌돌 말려 있는 까닭이 무엇일까?

파곳(fagott, 목관 악기 가운데 가장 음역이 낮은 악기로 영어 이름은 '바순') 같은 목관악기의 매력은 트럼펫이나 트롬본 같은 금관악기로 낼 수 없는 낮고 풍부한 음색에 있다. 그런 소리를 내려면 관이 금관악기보다 길어야 한다. 악기의 관이 길면 길수록 소리가 낮아진다. 그런데 트럼펫의 몇 배에 달하는 길이의 관을 직선으로 만들면 들고 다니기조차 어렵다. 그래서 달팽이 모양으로 돌돌 말아놓은 형태의 악기가 탄생한 것이다. 이 기술이 완성된 뒤로 오케스트라의 음색이 훨씬 풍부해졌다.

목관악기 파곳

 콘서트홀 좌석 등급은 무엇으로 결정될까?

요즘 콘서트홀의 좌석은 연주회에 따라 조금씩 다르긴 해도 대개 S

석이 가장 많고, A석, B석은 별로 없어서 입장권을 구하기가 어렵다. 해외 일류 오페라단의 공연에서는 S석에서 E석까지 세밀하게 분류되기도 한다. 그래서 아주 약간 떨어진 좌석도 등급에 따라 몇만 원씩 금액이 달라지는데 어쨌거나 등급 배정에도 기준이 있다. 기본적으로 시각과 청각을 모두 고려하여 어느 쪽이든 흠이 있으면 등급이 떨어진다. 또 공연물의 종류에 따라서도 다르다. 음향 면에서 좋지 않은 무대 정면석은 피아노, 성악 콘서트에서는 등급이 낮지만, 오케스트라 공연에서는 그렇지 않다. 지휘자의 모습을 생생하게 즐길 수 있다는 시각적 이점이 있기 때문이다.

 오케스트라 연주자의 자리는 어떻게 정해질까?

오케스트라마다 실력의 차이는 있지만 연주자의 좌석 배치는 거의 비슷하다. 무대에서 봤을 때, 왼쪽에 제1 바이올린이 앉고 그 옆이 제2 바이올린의 자리이다. 중앙 앞쪽에는 비올라, 그 뒤가 피콜로, 플루트, 클라리넷, 호른 순으로 앉는다. 중앙 맨 뒤에는 팀파니, 심벌 등이 위치하고 오른쪽 앞 열은 첼로, 그 뒤가 콘트라베이스다. 이런 자리 배치는 여러 시행착오를 통해 최선의 배치를 모색한 결과다. 만약 팀파니나 콘트라베이스 같은 대형 악기가 앞줄에 오면 그 뒤에 앉은 연주자는 지휘봉을 못 볼 것이다. 또 음색이 비슷한 악기를 가까이에 배치하는 것은 혹시 모를 작은 실수가 덜 드러나게 하기 위함이다. 그리고 사람 수가 적은 여러 악기를 가운데에 모은 것은 지휘자가 개별적으로 지휘하기 쉽도록 한 것이다.

 잡음이 섞이면 악기 소리가 아름답다?

초보자가 켜는 바이올린은 톱질할 때 나는 소리와 비슷한 음을 낸다. 현이 본래의 음색을 내지 못하고 여러 가지 잡음이 섞여 들어가기 때문이다. 이런 잡음을 모두 없애면 아름다운 음색이 나올까? 결코 그렇지 않다. 악기의 음색은 적당한 잡음이 섞여 들어가야 인간다운 감정을 담아낼 수 있다. 가장 좋은 예가 퉁소다. 퉁소의 음색은 원래 가지고 있는 관악기로서의 음색보다 숨을 내뱉는 소리가 더 크다. 어찌 보면 잡음이지만 숨을 내뱉는 소리가 퉁소를 퉁소답게 만든다. 바이올린, 첼로 같은 현악기도 강하게 켜야 할 때 적당한 잡음이 섞이지 않으면 감정이 고조되지 않는다. 통기타 또한 현이 내는 소리 자체뿐만이 아니라 피크가 현을 스치는 잡음이 중요한 요소가 된다. 사람의 목소리도 다소 허스키한 느낌이 있으면 더 매력적일 수 있다. 잡음은 결코 무의미한 것이 아니다.

 '도레미파솔라시도'는 줄임말이다?

'도레미파솔라시도'는 11세기 중세 유럽에서 탄생했다. 이것을 처음 고안한 사람은 귀도 다레초라는 이탈리아의 수도사다. 평소 음계에 이름이 없는 것을 불편하게 여기던 그는 〈성요한 찬가〉라는 곡의 음절이 하나씩 높아지는 것에서 착안하여 각 음절의 머리글자를 따서 '우, 레, 미, 파, 소, 라, 사'라는 음계명을 붙였다. 이것이 나중에 발음하기 쉽도록 '도레미파솔라시도'로 바뀐 것이다. 참고로 도레미의 뿌리가 된 〈성요한 찬가〉의 가사를 번역하면 '금(琴)을 울려 당신을 찬양하고자 하오니 이 종의 입술을 열어주소서, 성 요한이시여!'다.

Q #와 ♭ 중 무엇이 먼저 생겼을까?

#(sharp, 샤프)는 반음 올리는 조표로 주로 장조계 곡에, ♭(flat, 플랫)은 반음 내리는 조표로서 주로 단조계의 곡에 사용된다. 그런데 #와 ♭ 중 어느 것이 먼저 생겨났을까? 답부터 말하자면, ♭이 먼저 생겨났다. 11세기에 등장하여 15세기까지만 해도 ♭을 하나만 쓴 곡밖에 없었는데, 16세기에 들어 ♭을 2번 쓴 곡이 등장했다. #가 등장한 것은 17세기 중반으로, 현재와 같이 복잡한 조표 사용이 굳어진 것은 18세기 이후다. 악보에 #와 ♭이 잔뜩 있으면 어질어질하다는 사람이 많은데, 사실 노래방에서 자기 음역에 맞추어 신나게 노래할 수 있는 것은 #와 ♭ 덕분이다.

Q 피아노는 치열한 악기 개발 과정에서 탄생했다. 그 유래는?

피아노의 정식 명칭은 '피아노 에 포르테'이다. 그 뜻은 '약한 음과 강한 음(이 나는 악기)'이다. 이 이름은 피아노의 탄생 배경과 깊은 관계가 있다. 피아노 이전에 사용되던 대표적인 건반악기는 쳄발로(cembalo, 건반악기 중 현의 진동에 의해 연주하는 악기)였다. 쳄발로는 현을 긁어서 소리를 냈는데, 소리의 강약 조절이 불가능하고 잡음이 많은 것이 단점이었다. 이런 점을 해결하려 새로운 악기 개발에 뛰어든 것이 메디치가의 후원을 받고 있던 악기 수리공 바르톨로메오 크리스토폴리였다. 그는 현을 퉁기는 대신 망치로 두드려 소리를 내는 법을 고안했고, 이로써 음의 강약도 자유자재로 조절할 수 있게 되었다. 맑은 소리의 '피아노 에 포르테'의 원형이 탄생한 것이다.

 의자 높이에 따라 피아노 음색이 달라진다?

피아니스트들은 연주곡에 따라 의자 높낮이를 조절한다. 의자를 높이면 몸이 건반 위로 기우는 자세가 된다. 손끝에 힘이 실려 소리가 힘차게 나고 격정적인 곡을 연주할 때 딱 좋다고 한다. 반대로 의자를 낮추면 음에서 힘이 빠진다. 연주자의 마음도 차분해지기 쉬워서 명상적이고 정적인 곡을 연주하기에 좋다. 그런데 피아노 의자에는 왜 부드러운 쿠션이 달려 있지 않을까? 피아니스트의 몸이 쿠션에 푹 파묻히면 온몸에 힘이 들어가지 않아 다채로운 표현이 어렵기 때문이다. 피아노 연주는 어떤 의미에서는 스포츠와도 같다.

1분 상식 사전

초판 1쇄 발행 2016년 12월 19일
초판 5쇄 발행 2021년 10월 7일

지은이 | 엔사이클로넷
옮긴이 | 이소영

펴낸이 | 이삼영
책임편집 | 눈씨
마케팅 | 푸른나래
디자인 | 참디자인

펴낸곳 | 별글
블로그 | http://blog.naver.com/starrybook
등 록 | 제 2014-000001호
주 소 | 경기도 고양시 덕양구 오금로 7 305동 1404호(신원동)
전 화 | 070-7655-5949   **팩 스** | 070-7614-3657

ISBN 979-11-86877-32-6 (14190)
      979-11-86877-16-6 (14190) (세트)

이 도서의 국립중앙도서관 출판예정도서목록(CIP)은 서지정보유통지원시스템 홈페이지(http://seoji.nl.go.kr)와
국가자료 공동목록시스템(http://www.nl.go.kr/kolisnet)에서 이용하실 수 있습니다.
(CIP제어번호: CIP2016025126)

별글은 독자 여러분의 책에 대한 아이디어와 원고 투고를 기다리고 있습니다.
책 출간을 원하시는 분은 이메일 starrybook@naver.com으로 간단한 개요와 취지, 연락처 등을 보내주세요.